U0246724

设 THE
计 VAST
的 LAND
大 OF
地 DESIGN

中国设计红星奖委员会
中央美术学院设计文化与政策研究所
北京工业设计促进中心 / 编
许平　陈冬亮 / 主编

北京大学出版社
PEKING UNIVERSIYT PRESS

目　录

设计与创新及设计与城镇化论坛记录（节选）

附部分正文英文原稿

题序／锐意创新，关注未来：积极拓展中国设计的大地

杜越　中国联合国教科文组织全国委员会秘书长

　　21 世纪的地球是一个整体。每个民族政治、经济、文化的发展都彼此相联、紧密相依。正在快速崛起的中国，将如何应对变化中的生态、对峙中的城乡、上升中的民生福祉这些重大问题，将直接关系并影响到整个世界平衡、稳定、安宁、健康的发展。

　　在这个意义上，《设计的大地》提出了一个值得关注的问题。这就是：如何让中国社会的创新活力更加关注脚下这片大地，如何让中国的设计发展更加聚焦于现实的问题以及主动的战略思考。

　　20 世纪的文化人类学研究发现，当人们面临一种全新的文化处境时，会产生某种程度的陌生与差异感。个体的文化情境改变会导致这种不适应，社会的改变也会产生整体的文化震荡。尤其是面临关系未来生存的巨大改变时，社会人群中会产生各种形式、各种程度的焦虑、困惑，甚至是群体的应对失措，这就是发展中的"文化震撼"（Culture Shock）。

　　当这种"文化震撼"来袭，正确的应对方法是：社会主动地采取关注未来、研究战略的思考，引导人们体验与化解所面对的文化矛盾，通过创造性的途径与方式积极寻找走向未来的出路。而事关未来的生产与生活方式创新的"设计"，恰好可以在这方面发挥更加积极、主动的作用。

中国的设计发展已经到了这样的时候。改革开放以来的三十五年中，中国的设计创新为提升"中国制造"走向国际市场，为中国成为世界第二大经济体作出了积极贡献。今天，当中国的社会建设进入一个新的阶段，中国的经济发展要通过提升民生品质、改善发展环境来寻求真正的可持续发展道路之际，中国设计也应当开辟一个新的战场，转向更加实际地关注国内，关注民生，关注普通民众最基本的生活需求，关注城市乡村的协调发展，关注生态环境的持续优化。我想，这就是"设计的大地"作为一种战略转向的命题所在。

中国的发展处在整个世界产业、经济、文化发展的大环境之中，但是中国的发展又面临着自身的基本问题，这就是人口众多、基础薄弱、环境水平参差不齐。这种现实的困难要求中国设计既要吸收西方工业国家成功的发展经验，又要客观地研究自身的规律，而不是简单地重复西方设计发展的模式与道路，在这种要求下，设计如何回归脚下的土地，是一个值得深入研究和长期努力的课题。

中国设计界发出的进行战略探讨的信号值得尊重和关注，我真诚地祝愿中国设计能为促进教育、科学及文化方面的国际合作，尊重联合国宪章规定的普遍人权与基本自由，促进各国人民之间的相互了解，维护世界和平作出更加切实的努力和积极的贡献。

序/从理想的星空回归设计的大地

许 平　陈冬亮

　　全球化的世纪大潮把这颗星球的每个区域、每个民族都归并入同一个必须不停地自觉、奋起方能显示存在的命运沉浮之中，因为全球化中的国际化、自由化、普遍化和星球化四大趋势本质上都是指向一种"超越民族—国家界限的社会关系的增长"。[1]工业革命以来的生产方式，基本可以解释为一种不断地推进超越性、抽象性的生产技术、构建单一、整体的均质世界，并努力使原有的传统体验情境与这种生产系统相脱离的解构行为。这段被社会学家称为"解域化"（Deterritorialization）[2]历史过程的工业文明，一方面既创造了人类社会前所未有的商业繁荣、消费自由，另一方面也带来了人类心灵失却与传统坐标的连接之后无可避免的精神困境与文化迷失。除此之外，使全球化的文化矛盾更趋复杂的是，长期保持输出强势的西方在推广和普及抽象化的生产方式及技术系统的同时，客观上也致力于东方的甚至更广阔地区的传统情境与现代生产语境的脱离。尽管近年来采取了趋于灵活缓和的文化策略，同时被输入区域的文化主体也通过内向的反弹与结构性的调整加快了自身强化的进程，但是毕竟"解域化"的历史余波未了，全球化过程中的文化矛盾层出不穷，"解域化"与"再地域化"或"重新地域化"之间的纠缠反复并未完全成为过去，其中所包含的理念及价值的重大冲突，值得各个领域的人们从各个角度予以充分的审视与反省。

　　现代设计与"解域化"的生产文化之间有着几乎天然的策略联盟甚至需求共振。全球化的经济贸易与工业技术在促使生产过程中的传统文化与情境体验的抽象化、共性化的同时，不仅创建了一个无疆界的、超越地域资源与文化约束的生产加工体系与商品交易系统，也促成了一个去本土化、去情境化的审美评价与市场语境。现代设计的问世，实际上是充当了这种商业价值观与经济贸易需求与一种文化的剔除与审美规范的重建相关联的桥梁。只要检视一下"简约主义"的设计风格在全球热议且畅销不衰的现实就可以发现，正是这种立足于国际价值标准与抽象文化体验的设计技术与评价系统，借助一批艺术家创造极致的热情与天分，将一种面向全球市场，但是与具体服务对象、具体应用区域脱离的产品方式与消费体验推向感官化与趣味化的巅峰。全球化的设计市场则成为连接起这种战略联盟及各利益攸关方之间的"双面胶"和天然结合带。

　　无可否认，近百年的发展变革中现代设计把握住了工业技术将这种抽象化、"解域化"的生产文化向全球推进的历史机遇，放大专业空间，推出案例神话，云集大师达人，拓展出一片星光闪烁、交相辉映的"理想的星空"。

　　但是，"理想的星空"毕竟不能完全消解经验世界被"抽象"的技术系统所代替，丰富各异的生产文化被压缩成点、线、面的几何性组合之后变得日益苍白和乏味的事实。在今天的生产过程中，人们已经很难看到炉火熊熊的窑场、拉坯艺人一手托坯一手描绘、件件陶瓷胚胎顷刻成形的造化场景；意大利设计师马扎诺也会情不自禁地回忆起身为裁缝的老祖父在顾客的试衣镜中露出的暖意融融的微笑。尽管现代设计的技术可以将一种普适的美学体验代入抽象的物质系统，并在此基础上进一步创造虚拟的网络体验来弥补现实世界中的空洞与乏味，然而，"来自星星的你"最终仍然无法弥合"远方力量对本土世界的同步渗透，以及把日常意义在当地环境中的'支撑点'移除的文化影响"，填补那种"文化与地理、社会领域之间的自然关系的丧失"。[3]

"解域化"努力的危险在于，它试图消解人与其所在的自然、社会、人文之间的文化联系，但人的这种文化依赖天性却是由人的生物本质，也即生命的局限性所决定的。20 世纪 50 年代的德国哲学人类学家阿诺德·盖伦 (Arnold Gehlen) 曾经在《技术社会的人类心灵》[4] 一书中深刻地阐述，是人类生物性的功能匮乏决定了内心对于连续性、稳定性甚至制度性文化的深刻需要；在传统社会形态中，人的个体发展前景是有限的，但是人与集体经验之间联系深厚，因此人类得以保持内心的安宁和平和；现代社会将人的个性解放出来，个体发展的前景被打开了，但是与传统的依存性被切断，这正是当代社会心理焦虑层出不穷的由来。

工业革命带来的技术变革与社会变革，一次次地打破人与家庭、社区、文化传统的关联，创造所谓连通性、同一性的现代文化，缔造了一个单一空间的世界形式，现代设计对于从形式符号到社会功能的"抽象性"的内在认同，本质上正是源于这种强调世界的连通性、同一性而忽略内心体验的具体性、情境性需要的技术逻辑。现代设计对于当地生产方式的排斥，其操作层面表现为生产程序与标准的抽象化、均质化，而在精神层面则培育出一种将生产经验、功能要求与审美情趣从社会的、个体的实践中抽离的"去情境化"要求及体验方式。更进一步地，在抽离掉具有地域文化内涵的情境体验的同时，又融入一层将"日常意义的支撑点从当地环境中移除"的那种文化政治，即使在现代设计的旗帜之下，也同样无法回避这种隐含的文化博弈的实质。

现代设计的理想世界群星夺目，但它同样不能无视"解域化"留下的文化空白以及可能面临的危险，即使是现代设计高度强调的感官化的舒适度满足，但它也仅仅作为一种精神修复的表象，本质上无法掩盖主体位移之后由另一种生命价值取而代之的现实。

这种现代化关系生成过程中的主体性转变关系着一个巨大的社会生产系统的结构重建，并由此深刻影响着作为生产者的人的精神结构的转变。事实上，18 世纪中叶以来的工业革命，不仅催生了乘势而起的现代设计，步步深化的"解域化"过程还导致全球生产文化及工业创造中至少四个阶段的"主体脱域"或者"主体性剥离"的过程：

第一个阶段，可以称为"手工生产方式与现代工业生产方式的剥离"。无差异生产的工业技术使得延续数千年甚至上万年的手工生产方式第一次转向"抽象化"，这种"抽象"并非"去纹饰符号"之后的外观形态的"抽象"，而是由技术的抽象与经验的抽象所导致的产品实现过程中的"去人性化"。这种"抽象"不仅构成物理与心理空间的双重隔离，而且切断了生产体验与经验积累的实践来源。

第二个阶段，可以称为"设计环节与工业生产过程的剥离"。设计成为独立的工作环节，为创造独立的设计思维与完善的设计服务提供了有利条件，但与此同时也使得一个在手工生产方式之中本来是举手之劳的、从左手转到右手的信息传递过程演变为"从思维到产品"之间无限延伸的空间距离。现代设计服务不得不放大出无限复杂的信息采集与社会调研工程，但是现代设计师再也无法获得马扎诺在《飞越拉斯维加斯》中描述的那种直接面对着顾客的满足的微笑。

第三个阶段，是"职业化的设计制度与生产场域的剥离"。这次剥离从制度层面断开设计作为一种"过程"与生产的"目的"之间的天然连接，设计由此成为一种职业的行为，设计劳动也由此成为一种具有独立的经济自足性的产出性与经营性行为。正是在这种制度安排之下，作为精神个性体验方式的设计与作为普遍心理集合方式的市场需求之间的对立与矛盾，以设计交易的方式公开化、合法化，设计行为中的"有益性"成为一种交易内涵，而不再是天然的持守；与此同时，经济获利性的要求被放至最大。

第四个阶段，则是"设计产业化的超地缘政治文化剥离"。上个世纪末，英国政府率先启动政策调整，布莱尔政府的工作小组将各不相干的13个行业的产品生产归并成一种具有同质性的经济领域，并期望以此作为国际输出的强势资本取代传统的制造业优势。且不论这种导致英国强大的制造业基础"空洞化"的政策能否成功，这种强化国际化、脱域化、抽象化内涵特征的创意产业模式，毫无疑问正在演变为新一轮具有超地缘政治文化意味的主体性剥离。这种由国际资本的经营者们构想出的、以纯粹的"头脑创意"为核心的经济输出方式，不仅使得"创意产业"可以名正言顺地与"制造产业"对峙与脱节，还可以让设计行为完全与制造地域、在地运营、生产辖属权相分离，它意味着"创意行为"彻底的产业化、输出化、异地化，从而形成工业化进程以来最大规模与最大影响力的超地缘政治文化合谋。

现代设计对于提高人类生产文化的感官品质与市场价值作出的贡献毋庸置疑，但与此同时，这种设计文化在现代社会进程中的"文明悖论"也同样不可忽视。历史地回顾现代生产文化与设计发展中一次次"主体性剥离"的过程，可以更清醒地意识到从古老质朴的造物行为到今天光鲜入市的"创意经济"，人类生产文明的形式与内涵究竟发生了怎样的深刻变化；而就在这一次次剥离的过程中，现代设计机制是否可能被"抽象"为一种去情境化、去地域化的"玻璃金鱼缸"式的存在？设计师是否可能成为在一层华丽精美的外壳笼罩下，完全意识不到"脱域"的危险而只能在鱼缸内悠游自得的、景观化的"金鱼"？对此，我们应当保持充分的警觉与足够的反思。

《设计的大地》是以 2013 年 10 月联合国教科文组织、教育部、中国联合国教科文组织全国委员会、北京市人民政府共同主办的"首届联合国教科文组织创意城市北京峰会"为契机，一批中外设计学者汇集北京，就当下设计发展的战略态势以及中国设计发展中的现状及问题进行讨论，并在此基础上扩大思考与写作范围之后完成的结果。"大地"代表着各位参与者在全球化迅猛发展的当下，在对现代设计诞生以来在世界各个国家、各个地区的辉煌及挫折、成功及教训、经验及挑战进行多棱的思考之后所认可的"从理想的星空回到大地的原点"这样一种共同的态度，以及工作的主题。

如上所述，工业革命以来急速发展的"解域化"生产文化形成了波澜重重的社会震荡。现代设计是这种历史震荡形成的重要动因，但又是某种程度的柔顺剂。现代设计的历史仅仅一百余年，对这段历史的文化定义远远没有达到成熟和客观的水平。中国设计的发展必然置于也只能置于世界现代设计发展的逻辑框架之内，然而，作为后来者的中国设计如何处理自身与世界设计成败得失、是非功过之历史总结的关系，如何形成适合于自身要求及条件的前行方向，则是一个更加复杂、更具挑战性的命题。但可以肯定的一点是，中国设计的发展不能自我束缚于设计内部的既定目标，而必须将之置于整个世界以及中国的世纪之变予以定位，并找到适合于未来的行动纲领。

海德格尔在《人，诗意的栖居》中曾经对他自己创造的"世界"与"大地"对峙的隐喻进行过多重的阐释，"世界把自己的根基扎于大地，大地则通过世界而凸显出来"，但同时又强调，世界与大地的对立是一场斗争，但这种对峙并不意味着无序的争斗与彼此的毁灭，而是"双方都提升自己以达于各自本质的自我肯定"。[5] 这种关系同样适合于设计中的"大地"与"世界"的彼此对峙及本质转化。在今天的世界中，朝向"大地"的回归，可能意味着一种更加现实并且艰难的选择，因而更具挑战性。

对于今天的设计而言，"大地"可能意味着一种以西方为中心转向以东方为焦点的历史的斗转星移；可能意味着迄今为止以商业设计为承载的市场运作转向以社会创新为导向的价值创新；可能意味着以昂贵消费、提升附加值为导向的高端商品设计转向以减排低耗、民主分享为特征的生活方式设计；可能意味着以往专注于城市繁荣的设计转向城乡协调发展的未来生态设计。而且，对于中国的发展而言，回到"大地"的设计命题，其内涵与象征性可能更为复杂，可能更富于一种后来居上的历史机遇意味，因为"大地"的概念直接和今天的中国最为重要的"乡村"命运相关。放眼当下的世界，没有哪个国家像中国这样，还拥有一片广袤而亟待抚养、整饬和善待开发的最后的净土；没有哪个国家像中国这样，面临着城市发展的紊乱正在急速地涌向乡村，稍有不慎即可能酿成灾难性后果的现实危机；没有哪个国家像中国这样，聚集着如此庞大的要在新一轮城乡开发中获得生存和发展机会的农民；也没有哪个国家像中国这样，急切地需要一种克服对未来的无知而将"大地"引向幸福家园的现实需求。中国的乡村设计，不是一般的"乡野""乡愁"，而是直接与整个民族未来的生活方式、生存权利、生民福祉息息相关的家园设计、乡土设计。把中国的"大地设计"把握准了，解决透了，就是对世界设计发展的贡献，对人类社会发展未来的贡献，也是中国奋起进入世界设计先进行列的唯一机会。

诚然，一本书不可能完成如此庞大的发展构想。本书所呈现的，也并不都是宏大的历史叙事或现实批评，相反，更多的仍然是中国设计师基于现实案例的些许努力、点滴经验与理论发微。但这些案例与文字，都已经联系到"设计的大地"这个连接着梦想与未来的命题，都站在坚实的大地上，这标志着一种已经开始的、脚踏实地的思考。

头顶有星空，脚下有大地。我们希望从这里开始阐释中国设计的希望，也从这里思考并走向这片土地的未来。

2013 年 6 月—2014 年 4 月于北京

[注释]

[1] [英] 罗兰·罗伯逊 (Roland Robertson)、杨·阿特·肖尔特 (Jan Aart Scholte) 主编 :《全球化百科全书》2006 年路特利支出版社 (Routledge) 出版 ; 中文版主编王宁,南京 : 译林出版社,2011 年 8 月,第 525 页。

[2] 同上书,第 306 页。

[3] 同上。

[4] [德] 阿诺德·盖伦（Arnold Gehlen）:《技术时代的人类心灵》,何兆武、何冰译,何兆武校,上海 : 上海科技教育出版社,2008 年 4 月。

[5] [德] 海德格尔 :《人,诗意地栖居》,郜元宝译,张汝伦校,桂林 : 广西师范大学出版社,2000 年 10 月,第 84–85 页。

设计的大地：
作为新兴经济体国家的中国及其设计活力
在奥地利维也纳实用艺术大学"新兴经济体国家的设计"研讨会上的发言摘要

许 平
中央美术学院教授、中央美术学院设计文化与政策研究所所长

[摘要]

20 世纪的巨变改写了中国数千年历史文明固有的生活方式，现代设计的嵌入是一个缓慢而艰巨的系统工程。但是，在学习、模仿、改进的过程中，中国向西方汲取了经验，形成新的设计文明进步的基础。20 世纪是中国设计力形成的准备阶段，21 世纪才是中国设计真正进步的开始。进入 21 世纪以来的十余年中，作为新兴经济体国家的中国不断显示出设计变革的方向与趋势，这就是：向设计的"大地"回归，以全球化与本土化的视野重新定位设计的意义，寻找未来的出路并从中释放设计的活力。

谢谢主席。我的讲题是《设计的大地：作为新兴经济体国家的中国及其设计活力》，我想用尽量简单的语言和事实来说明当下作为新兴经济体国家，同时也是后发展国家的中国所面临的文化挑战，以及中国设计为选择新的方向而做的工作。

正如今天会议的多数发言者所关注到的，包括中国在内的新兴经济体国家正处在一场重大变革的边缘，设计应当为这场变革提供正确的信息与价值提示，所以需要不断地总结历史经验并努力探索新的方向。

工业革命以来，人类的社会、生产、文化发生了巨大的变化，一种强调无疆界、抽象化方式的新工业体系在推进生产方式现代化的同时，也将这个地球上的多数国家与社会带入一个与传统切断联系，去除生产与生活过程中与历史、文化、地域相关联的具体情境体验，接受一种抽象化的文化标准与审美方式的新发展模式，从而激化了现代经济与工业化进程中的社会矛盾。后发展国家看到了这些矛盾，努力在新的实践中避免这些矛盾及其影响。而中国设计如何应对这种发展中的挑战，同样是一个现实而复杂的问题。

因为也正是在这一个多世纪里，现代设计进入中国，成为改变文化传统、重构社会经济的工具。而中国设计在学习、理解、审视与反思的过程中，一直在努力地寻找更适合于中国发展的方式。简单地说，最近的中国设计所出现的一系列变化，与 20 世纪以来中国社会现代化过程中的文化反思有关；与当下设计中过度商品化的倾向所引起的警惕有关；与中国社会最近日益凸显的民生需求有关；与近年来来自环境、生态、资源等多方面的生存困扰有关。在下面的报告中我将对这四个方面的因素分别作以说明。

众所周知，20 世纪的巨变改写了中国数千年的历史中固有的生活方式。19 世纪中叶之前的中国，基本处于一个缓慢变化然而稳定有序的文化连续性之中。在这种结构之下的行为、物质、制度与价值观念，是一个互为制约和有效联系的整体。图 1 是一幅中国明清之际的木版插画《拷红》，这幅小画能够为我们提供一些有助于说明这种关系的生动细节。

图中的内容取材自中国元代（1271—1368）著名戏曲家王实甫（1260—1336）[1]的代表作《西厢记》，

该戏描写了一对敢于冲破传统家教束缚的青年男女勇敢追求爱情的故事。画面的冲突发生在代表着站在反对立场上的老夫人与一位善良聪明并为年轻男女提供辩护的女仆红娘之间。故事的结尾是喜剧式的，聪明的红娘说服了代表传统势力的老夫人，并最终成全了一对年轻人的婚姻。事实上，这部戏不仅在元代之后广为流传，以这个故事为原型的各种绘画也甚为有名，甚至连后世的陶瓷器纹饰中都有所表现。但我想提请大家注意的是这些画面中不约而同地出现的某种"行为"与"场所"的"对位"关系，即我们所能看到的各种相关画面中，不仅场景大同小异，构图也是异曲同工。崔母"拷红"的场景往往都选择在厅堂之前，老夫人手上高举着代表"家法"的戒尺，身后必定陈设着代表"厅堂"的条案，条案上摆放各式香炉与祭器，从这些陈设可以想象到画面之外具有威严气氛的雕梁画栋，以及作为厅堂背景的闺房楼阁、深深庭院。在这里，对中国传统生活方式稍有了解的人都能理解："厅堂"这个"场所"的选择绝非偶然，它在中国家庭生活的结构中不仅意味着一种居所位置，更意味着某种集家族荣誉与规训传统于一体的"神圣空间"。在中国，有无数的集体记忆可以证明这些建筑中有许多画面上没有画出来的内容，这些空间的规定性与形式的秩序性以往更多地被给予负面的评价，但我想在这里强调的是，这种令人无法亲近但又难以忘怀的微观场景背后，存在着一种千百年来约束、规范、提醒和影响着人们日常生活行为的精神结构，也可以说是整个中国文化的某种缩影与象征。在中文里有一个专门的词叫做"家山"。"家山"不仅指一种物理的空间故土，更指一种心理的家园寄情，一种在长期的家族延续和血脉传承中形成的文化依托性与精神稳定性，其中的心埋结构要比上述的故事插图更加丰富得

图 1

图 2

图 3

多也深刻得多。几千年来，正是这种寄于有形与无形之间的、稳定而连续的文化整体性，为中国社会的日常生活提供一种坚实的精神氛围与现实的分层结构。

　　现代文明极大地释放了人的个性与面向未来的开拓性，但对于其切断人的内心世界与传统文脉之间的关联而带来的文化脆弱与集体性的社会焦虑同样不可忽视。现代设计进入中国的过程，恰好对应着一种"解域化"的工业方式猛烈冲击着这种文化整体性的过程，因而与上述的社会矛盾之间产生了复杂的交集。由于这种矛盾的交集，使得现代设计植入中国社会的过程，远远不似一种艺术风格的生成或演化那么简单，它基本上应当被视为一种与在地的文明与文化方式完全不同的价值系统"嵌入"（Embeddedness）[2]与适应的社会变革过程。这种新的、代表着抽象性生产关系与文化方式的系统"嵌入"，势必打破社会传统原有的结构，"腾出"相应的"空间"。这种空间关系的更替不仅是物质性的，更是精神性的；不仅是市场性的，更是生活性的；不仅是文化性的，甚至是制度性的，会在一种比人们的想象更为深刻的层面上影响一个民族的生活面貌与社会的整体氛围。图 2 与图 3 是 20世纪的百年之中上海同一处街景所发生的巨大变化。20 世纪的中国社会不仅面临着现代化过程中视觉景观的巨变，更面临着整个文化结构与传统精神的重新定义。这个过程中通过向西方的学习、模仿和自我改进，汲取了经验，形成现代文明进步和成长的基础，但同时也生成新的困惑，需要不断地反思。

下面的三幅图之间并没有既定的联系，分别出现于 20 世纪中国不同的历史时期，但它们似乎恰好与我们所说的"学习"、"拥抱"、"反思"三个阶段相对应，或许可以为我们阐释这种现代性发展的过程提供某种证明。

图 4 是产生于 20 世纪初的一幅上海月份牌招贴画，当时这种绘画形式被广泛用于商品宣传，同时也在努力塑造一种新的视觉文化。

图 4

画面描绘了一位沉思中的学习型女性形象，她打开窗户，凭窗阅读，呼吸着现代文明的新鲜空气，远方有一艘驶向大海的轮船。她的面向与轮船驶去的方向一致，似乎在寓示一种寄情理想彼岸的精神出走。不仅整个画面形象带有浓郁的时代气息，而且从"读书"的情节传递出一种新的时代风尚。从大海、轮船、新式书刊等图形符号的选取上也可以感受到一种对于正在出现的变化、对于不可知的"未来"的敏感追求。

图 5 也是一幅上海月份牌招贴画，产生于 20 世纪 30 年代，比图 4 稍晚。画面中是一位满怀欣喜走向现代生活的时尚妇人。她笑态嫣然穿着新式皮鞋准备盛装出行，发式是时新的又是东方的，服装是新款的又是江南的；她身后的墙壁上挂着镶在新式镜框中的风景画，衣柜上搁着用红木作底座的花插，墙边是洋气的沙发与现代的地板，脚下踩着西式的脚凳和传统风格的地毯……似乎一切都表明：时尚的西洋文明不仅为精英文化层的精神出走所拥有，它甚至已经成为普通市民拥抱生活、享受生活的形式象征。

图 5

图 6

图 6 则完成于接近世纪末的 1992 年，在中国改革开放的前沿城市深圳，由新锐设计师陈绍华设计。画面上已经完全没有了 20 世纪初所洋溢的那种轻松与愉悦，而只有交错纠缠、蹒跚而行的两条腿，一条腿西装革履，应当是"现代"的象征；一条腿戏装绣鞋，应当代表着"传统"；两条腿组成一个汉字"人"形。这是一个在不安与焦虑中迈向未来的"现代中国"的隐喻。它表明："传统还是现代"、"东方还是西方"这两大世纪提问不仅结为一体、交错纠缠，并且已经形成对中国社会及文化主体性的深刻困扰，它几乎就是一个世纪以来笼罩着中国变革进程的那种精神状态的真实写照。

这幅招贴完成的 1992 年，正是中国改革开放重新启程的年代。深圳是这次意义重大的改革决策滥觞之地，但是在"发展就是硬道理"的判断之下，并没有完成对"如何发展"的深层选择。在那之后，中国经济的快速发展就是一个众所皆知的故事。在"现代化—西方化—城市化"的逻辑影响下，人们不假思索地模仿早期工业化过程中刺激经济发展的简单模式，以沉重的劳动力成本与环境成本为代价换取了经济的高速成长，以高度密集的单极化城市发展视为文明建设、社会进步的象征。然而，今天被广为诟病的城市雾霾、不堪忍受的交通拥堵、日益对立的贫富差距等"都市综合症"正在显示出这种代价的沉重。

现代化的浪潮带动了中国社会乐于接受"设计"、"创新"介入经济建设、商业运作的需要，设计在中国的地位开始出现历史性的改变。从 2007 年中国总理题词"要高度重视工业设计"以来的几年中，设计界经历了一个从"无人问津"到转向"明星化"效应的过程。平心而论，目前围绕着中国设计的政府推动、市场呼唤、企业关注前所未有，但是，这种热情中仍然包含着过多的"GDP 激素"，从这种"高度"的设计热情到真正的民生福祉、社会创新与生活文明程度的整体提高之间仍有相当的距离。中国设计必须对今后的价值取向展开主动的、战略性的思考与调整，尤其是对其中过于商业化的倾向必须予以充分的警觉，因为它会影响到现代设计参与社会创新与文化构建的整体影响力。应当说，商业化的运作在一定阶段上对于设计释放社会变革能量有所推动，在历史上也确实起到了一定的积极作用。但是一旦设计完全与商业融为一体，甚至完全被商业牟利所左右，事情就可能向着相反的方向转化。这个过程使得人们更容易炫耀把消费引向高端奢华的专业技能，或者更在意于媒体关注下的明星效应，而忘却这种聚光灯下的"设计"实际上距离真实的社会需要已经相距多远。

有关现代性的反思提醒着中国设计思考其发展走向的命题。

从历史上看，中国现代设计的形成有其不同于西方国家设计发展的内在逻辑。它实际上经历过两次重大的发动期。第一个发动期产生于 20 世纪初，在上海、天津、广州等新兴城市由中下层工商经济层发起。早期的工商业设计迅速进步并显示出强劲的创新活力，本来可能发展得不错，但由于随之而来遍及世界的战火，以及中国社会本身的政治动荡而使设计的成长被迫中断，在此之后出现一个漫长的沉默期。直至 50 年代国家政治体制出现转变之后，设计的薪火才重新开始复燃。在中国大陆，这个复兴的过程经历了由中下层的工商业行为转为国家经济行为的过程，从生产、销售到出版、教育，被命以"实用艺术"、"工艺美术"，直至"设计艺术"、"艺术设计"等"设计"之名，纳入国家经济及教育体制，这一转变使得设计作为一种自上而下的文化而获得肯定，但同时却大大弱化了自下而上有机发展的动力及契机。

第二次发动期产生于 1980 年代前后，与高等院校首轮"出国潮"所带来的、自院校而涌向社会的现代设计推动有关。这个过程一方面显示了"设计"被赋予更明显的国家使命之后其地位与作用发生的变化。但与此同时，这也是在经历了一段与西方文化全面隔绝之后，重新从方法论到价值观都无限"接近"于西方的强劲反弹。这个阶段中出现一个以贴近市场需求的外贸产品为中心的现代设计实验期。这个实验期与 20 世纪初设计启动的不同之处就在于，它失去了上海、广州等沿海城市中下层工商业作坊的设计所具有的那种与在地的生产、生活方式天然相连的一体性。而 20 世纪中后期的现代设计实验从外贸产品的"模仿设计"、服务于国际市场的成本竞争开始，在经济上形成某种"镜像"效应的同时，设计也开始走上早期工业化国家的发展老路，空间上"以城市为中心"、经济上"以市场为中心"、趣味上"以奢侈品为中心"的"拜金主义消费"开始出现。最近中国社会针对所谓"土豪金"的强烈批判，反映出民间舆论对引导消费方向的"奢侈化设计"倾向普遍不满和批评的声音。

值得提及的是，这一期间不太精确的"创意经济"理论也对中国产生影响。从 20 世纪末英国政府为开端的"创意产业"计划开始，这股热潮影响到包括中国在内的广大地区。目前以各种名目、各种形式出现

图 7

的"创意园区"在中国各地层出不穷，已经成为某种房地产经济的变身，从而引起舆论的普遍质疑。在公共资源占用已经非常恶化的情况下，有些创意园区不顾及资源条件圈下大量生产用地，以一种粗放的发展延续着以高投入、高消耗换取低效率产出的前工业时代模式。尤为可疑的是，在人类工业化历史上，生产主体性的四次剥离把设计行为中从"创意"到"生产"本来可能是左手到右手的瞬间的意义传递，演变为一场跨国界、跨地域、跨领域的经济博弈，在这种"抽象化"生产概念下造就的各种"设计产业"、"创意园区"，多半形式大于内容，而园区内各种精英化的"创意"机构，正在有意无意地沦为一种脱离现实生活基础与社会需求的"玻璃金鱼缸"式的社会景观。

我们不能忘记维克多·帕帕奈克在《为真实世界的设计》中的提醒：现代设计的体制有可能支撑着一个为追逐利润而放弃时代责任的"最坏的"价值选择。这种方向性的迷失，不仅在物质层面使设计失去最普通民众的市场支持，同时也直接损害了它在现代化过程中本来可以创造和传递的那种精神凝聚价值。

不久前，一位普通的中国网民通过网络上传一幅图片，引爆了一场关于日常生活老物件的热议。话题来自这位网民在家无意中拍到的一种普通床单，这种床单由于在中国经济困难时期曾为无数家庭长期使用，在一代人心目中留下深刻的集体记忆。于是有无数的网民上传了相似的"老物件"图片，得到越来越多网民的响应，有商家干脆直接打出"国民床单"的专柜，重新销售已在市场消失多时的老式家用纺织设计产品。（图 7）甚至"老物件热"也悄然成为设计中的一种风潮。2011 年一位普通的策展人策划和推出了名为《中国东西》的"中国样式"的生活物件专题展，三百多件普通生活用品如同艺术珍品一般被隆重地展示于华丽的展厅，引起市民、媒体的极大关注和国内外参访者的欢迎。（图8）这些本来从不入设计师"法眼"的设计一度成为人们议论当代设计、反思设计方向的话题，它们并不追求耀眼的风格光芒，也不自诩为国际潮流，但是却以其谦和的温度感传递着一种设计应有的本来价值，提醒着当代的人们重新思考设计与生活的联系。"老物件热"所引起的集体回忆，显示了"沉默的设计"对于多数人的宝贵价值，同时也把一种批评的语义直指设计现代化进程中的某种历史缺失。它表明，真正有价值的、能够给民众生活带来心灵感动的设计，其实就来自我们的身边；而另一方面，改革开放以来一直未得到重视和解决的"国民设计"缺失以及与随之而来的某种"消费陷阱"，也可以从这场突如其来的"网络围观"中得到某种印证和警醒。

正如前文所述，中国是一个有着悠久生活文化传统的国家，那些在长期的生活历史中凝结而成的自然俭朴的文化追求与整体、连续的传统，不应该在新的生活创造中消失。如何找回在高度商业化的现代消费环境中的文化主体精神，真正找到可以支撑设计发展的、引导服务方向的中国社会设计需求，是我们的设计界必须面对的重大课题。

如果说，20世纪是中国设计力形成的准备阶段，21世纪应该是真正的设计进步的开始。在这种背景之下，从设计需求的发现到设计方向的选择是一个世纪性的挑战。

图8

图9

图10

2008 年，在那场深刻地震撼着中国社会的"汶川 5·12 大地震"之后不到一个月，一批中国设计师深入受灾现场进行考察。在长达一周的考察中，从现场感受到的、关系民生安全的设计缺失令人惊心动魄，给设计师们带来极大的震撼。（图 9）返回之后他们聚集于浙江宁波，召开中国设计史上首次以"减灾救助"为主题的工业设计研讨会，明确提出中国设计应当"为普通民众提供更基本的生存安全与生活需求"的工作命题。一种重新检视中国设计走向的新思考逐渐形成。

进入 21 世纪以来的十余年中，作为新兴经济体国家的中国设计逐渐浮现出新一轮变革的创新方向与趋势，这就是：在全球化理论框架下审视与反思现代化的进程，重新定位设计的社会创新价值，立足于中国问题的现实寻找未来的出路，并从中释放设计的活力，重归"设计的大地"。

设计向"大地"的回归，是集中了一大批设计师智慧的共识，也是一个内涵丰富的工作主张。其主题可以大致概括为：让设计摆脱对出口贸易、全球市场的过度依赖，回到"本土化设计"服务于民生福祉、服务于日常生活的本源；让设计更多地参与社会创新，关注社会的发展，帮助贫弱的人群；让设计转向中国的乡村，在那里寻找城市的未来；让设计向自然学习，向有机生命汲取更多更合理的创新资源；让设计有更多的人共同参与，推进社会的协同发展。当总结与回顾这些设计发展的方向与路径的时候，我们发现，这正是帕帕奈克四十年前提出的《为真实的世界设计》的主张在中国逐步实现的过程。

对正在成长中的中国设计师而言，这种向大地回归的努力，使他们发现了可以最终承载他们的创造力和理想的全新工作场域，掌握了更现实、更合理、更加多样与生动的工作方法。我想介绍一些值得提及的一些案例，并向他们允许我使用这些材料表示感谢。

他们包括：

上海同济大学设计创意学院院长娄永琪教授主持的连续多年的"设计丰收，创造农业新生态——上海崇明岛新农业社区建设实验设计"项目。上海作为中国最大的国际金融中心城市、经济发达城市，如何与周边的乡村相处是一个世纪性的课题。从"新三农、大设计"理念出发的"设计丰收"这个项目，以多种方式尝试建立城市与乡村之间的生活文化与生态价值观的对接。在这片"设计的大地"上，师生与乡民之间共建友好界面，建立共享网站等，回归到生活层面的设计创新让乡村重显生活魅力。（图 10）

云南艺术学院设计学院院长陈劲松教授带团队连续十年走进山乡村寨实施"创意云南"计划，从乡村产品到城镇规划全面协助当地解决急需的设计问题，首创连续在十个县中创建中国西南"新丛林生态"的可贵创举。（图 11、图 12）

北京工业设计促进会设计师宋慰祖、曾辉共同创建、推动的"设计走进新乡村"建设项目，组织设计师走进北京郊区乡村，立足于乡村区域经济发展与民生需求，发现设计着力点，设计成为北京在七十多个乡村中建设"最美新乡村"计划的有机组成部分。

上海木马工业产品设计有限公司丁伟团队将设计带入另一片广袤的大地，他们的团队在苏北乡村展开的"设计立县"项目，改变以往"侵取型"以资源换资金的发展模式，将资源与当地生产力解放结合起来，让当地创造力资源成为资源增值的主人，提高当地特有资源产品转换成高产值产品的创新能力；针对不同乡村资源特点制定十大发展模式，成功地提高当地政府与民间企业对"设计立县"计划的认可与期许。（图13）

另外，如中央美术学院设计学院副教授林存真带领学生完成的"关心我们的生存：批评性话语的国际镜像"工作坊；浙江余杭的设计师张雷及其率领的"品物流行"设计团队开发地方工艺资源并重新构建生活产品构架，将传统工艺重新推向现代设计前沿；中国美术学院设计学院院长吴海燕教授与民营企业雅戈尔集团共同开发以传统"大麻"植物为原料的新功能纺织面料，其产品品牌"汉麻世家"成为新的市场热点（图14）；北京服装学院楚艳教授十多年来坚持开展草木染工艺及服饰产品设计研发（图15、图16），从传统工艺中寻求生生不息的设计创新资源；中央美术学院数码媒体实验室主任费俊副教授领衔创建"我们共同的责任"生态创新创客大会项目等，分别从不同的角度展现了让设计与民生结合、向传统学习、向自然学习，以及鼓励全民共同参与等新努力方向。

图11

图12

图13

图 14

图 15

图 16

这里所举的案例，都不是一个人而是一个个团队，也不是少数人，而是代表着一种在新的目标下开拓中国设计创新方向的群体实践。中国设计的这片"大地"，将是足以承载设计师无限创造力的新设计空间；是"人在其上和其中赖以筑居"的整体的自然；是可以构建区别于密度聚集、大量消耗为特征的城市形态的新型乡镇的生活家园；也是中国设计可以从中真正实现自身价值的理想"净土"。诚如海德格尔所说，"大地独立而不待，自然而不刻意，健行而不知疲惫"。大地既是哲人理想中的永恒家园，也同样是设计所共同拥有的心灵起点与生生不息的未来。

2013 年 11 月—2014 年 4 月于北京和维也纳

[注释]

[1] 王实甫（1260—1336），字德信，大都（今河北定兴县）人。元代杂剧作家，中国著名剧作《西厢记》的作者。

[2] 参见［美］马克·格兰诺维特（Mark Grannoveter）：《镶嵌——社会网与经济行动》，罗家德译，北京：社会科学文献出版社，2007 年。

让设计成为发展的软实力

陈冬亮

北京工业设计促进中心主任、中国工业设计协会副会长

[摘要]

中国的工业设计正在经历着从自我发展的小环境走向放眼世界，进入高端服务领域的阶段。这一阶段中，国家利益的期许、中国梦的希望和文化自觉与自信的趋势，都要求设计作为综合发展的软实力来发挥作用。基于文化多样性的设计创新，正是这一软实力的体现。

工业设计从 20 世纪下半叶来到中国，到现在广义的设计，从未像今天这样得到举国史无前例的关注和期许。这折射出处在经济转型期中国企业对设计的需求，迫切需要设计走出自我发展的小环境，向产业服务转型，向高端综合设计服务转变。同时，设计要成为发展的软实力，就得立足于全球视野和国家利益，在实现中国梦、增强国家凝聚力的伟大征程中，以文化自信和文化自觉，传递中国优秀文化价值，以大海一样宽阔的胸怀，积极广泛地参与国际交往，以中国创新性设计自立于世界民族之林。

所谓国家利益就是对国家发展、生存需求有好处的事。国家主席习近平近日指出，中国发展处于重要战略机遇期，从当前经济发展的阶段性特征出发，保持战略上的平常心态，适应"新常态"。所谓"新常态"这一概念，最先由美国太平洋基金管理公司总裁埃里安（Mohamed El-Erian）提出，是一个宏观经济概念，指危机之后经济恢复的缓慢而痛苦的过程。作为世界经济的重要组成部分，中国经济不可避免地也呈现出"新常态"，其表象为产能过剩、要素成本增加、创新力不足和财政风险加大等客观因素。加大创新力度、调整产业结构和扩大内需等举措成为了促进经济可持续发展的不二选择。

设计与产业、科技、文化的深度融合，在转变经济发展方式、关注民生、注重生态文明和城乡环境建设等涉及国家利益和人民福祉方面，能够发挥其巨大的积极作用。

设计让城市变得更加美好。2005 年，北京对首钢进行了整体搬迁，直接减少了 1.8 万吨可吸入颗粒物的排放，相当于上百家小型工业企业的排放总量。改造后的首钢工业区发展工业设计、文化创意设计等产业，仅 2012 年就带动石景山区实现文化创意产业收入 240 亿元人民币，第三产业增加值比重由 2006 年的 32% 提升至 2012 年的 62%。北京丰台的园博园曾经是一百多公顷的垃圾填埋场，通过设计改造实现了污水、雨水全部零排放，将垃圾分类处理，部分作为肥料加以利用，最终建成了绵延三千多米的水岸园林，为生态城市建设作出了贡献。

软实力，也是竞争力，基于文化内涵的创新是设计的灵感和源泉。联合国教科文组织也积极倡导基于文化多样性的设计创新。如何以设计传递文化价值、形成可持续的创新动力成为中国设计界新的思考。

2010 年，北京工业设计促进中心与意大利百年国际著名设计品牌阿莱西（Alessi）合作，由八位中国建筑设计师，以"止禁城"为主题，冲破"紫禁城"思想文化的禁锢，以中国文化诠释设计，完成了八款创意"盘子"产品，并在阿莱西全球五千多个商店销售。"简"是纸张发明以前中国人的书写材料，由同样的牍片串联而成。在"简"被金属设计制成用来呈送碗盏的"盘子"时，也在呈送中国人古老智慧。"荷"

六合 Trick and treat
设计师：张智强 Gary Chang

盘景 Trayscape
设计师：都市实践 Urbanus

云根 Clouds Root
设计师：王澍 Wang Shu

简 Jane
设计师：刘家琨 Liu Jiakun

明 Ming
设计师：张柯 Zhang Ke

浮游的大地 Floating Earth
设计师：马岩松 Ma Yansong

乾坤盘 Opposition
设计师：张雷 Zhang Lei

一片荷 A Lotus Leaf
设计师：张永和 Chang Yungho

胡同泡泡。为解决北京胡同公共卫生间的问题，设计师做了大胆而前卫的尝试。建筑外立面采用金属材料，外观圆润如泡泡，表面倒映出周围的砖墙、绿树和花草等，既与周边的历史遗迹景色融为一体，又为老街区平添了几分生活的情趣。

"止禁城"托盘。由意大利阿莱西（Alessi）设计梦工厂与北京工业设计促进中心合作，邀请八位中国建筑师，以中国文化的视角和方式阐释阿莱西最具代表性的产品，尝试浓缩建筑理念于方寸之间，践行"中国设计，意大利制造"的跨国合作。本组展品包括"六合"、"一片荷"、"浮游的大地"、"乾坤盘"、"明"、"简"、"盘景"、"云根"八件托盘产品。

出淤泥不染，历来被中国文化推崇为"花中君子"，设计师将一片枯萎的荷叶用电脑扫描，用不锈钢来重新诠释。"一片荷"，枯萎的荷叶少了些许初生的鲜嫩，却有了起伏和优美的形态，当人们使用器皿的时候，观赏的仍然是那一片荷。设计的灵感源于生活，传递的是中国文化，呈现给人们的是高于生活的艺术。八位中国设计师、八个中国文化命题、八款创意家居产品，透过阿莱西品牌和国际销售渠道，以西方文化能够接受的方式，向世界传播东方的中国文化。这是一次文化自信的设计，也是一次借船出海传播文化的尝试，一改过去中国制造给世界廉价和模仿的印象，第一次将中国设计、意大利制造镌刻在设计史上。

2006 年，在北京市科委的支持下创办的"中国设计红星奖"，通过表彰优秀设计，鼓励设计创新，保护知识产权，推动了中国设计的国际化。8 年来，红星奖每年参评企业超过千家，产品突破 5000 余件，企业来自中国 32 个省市、地区和世界 29 个国家，超过百名国际专家评委，超过百场的国内外巡展，已经成为全球参评数量最多的设计大奖。2014 年 3 月在习近平主席访问联合国教科文组织期间，"中国设计红星奖"更是携联想、小米、三一重工等中国优秀企业设计产品亮相联合国教科文组织总部，这也是全球第一个设计奖在联合国机构展览，引起极大轰动。

联合国教科文组织总干事伊琳娜·博科娃、联合国前秘书长布特罗斯·加利等贵宾们纷纷在留言簿上留言："祝贺在联合国教科文组织举办了一场如此令人难忘的展览"；"我非常高兴能到这里欣赏如此美丽的艺术品"；"宇宙与地球，和平与艺术，敬仰"；"与原来的中国相比，现在发展很大"……

重工业园区首钢改造。园区占地 8 平方公里，首钢搬迁后北京每年减少 1.8 万吨可吸入颗粒物，约占北京市区总量的 23%，每年可节水 5000 万立方米。改造规划注重生态理念，聚集文化创意产业等低碳环保型企业，对老工业厂区的改造和再利用提供示范。

2014 年 3 月，联合国教科文组织总干事伊琳娜·博科娃在位于法国巴黎的总部参观"中国设计红星奖"展览。

中国设计用更加贴近生活的方式展现中国的风貌，对于众多没有到访过中国的外国参观者来说，更感叹于中国在大力发展经济的同时，关注文明间的交流与对话，尊重并保护文化多样性，在国际舞台上展现了中国设计文化的自信，通过设计的语言传递出中国和平崛起的中国梦。

今天，人与自然、科技与文化、文明与发展正在成为世界共同关注的话题，设计创新也正在成为各国经济发展、走出"新常态"的重要抓手。同时，设计作为文化内涵的外化，也像音乐一样，已成为人类多样性文化、文明交流的共通语言和深化国际交往的纽带，成为国家发展的软实力。

设计的新兴与替代性经济：城市设计的社会必要性

阿利森·克拉克 (Alison J. Clarke) / 张弛 译，原文参见本书 161 页

帕帕奈克基金会主席、维也纳实用艺术大学教授

[摘要]

在维克多 · 帕帕奈克的《为真实的世界设计》出版四十多年后的今天，设计和人们理解设计的方式已经发生了悄然的变化，设计对于城市创新的作用也越发得到重视。然而，今天的我们需要冷静地对待这样一个事实：设计似乎已经变成解决所有问题的万金油。"创意经济倒退"的现象不仅源于人们过分夸大和急功近利的态度，更源于我们还没有很好地处理设计的软性部分，仍然固守着创意产业由年轻、时尚和经济主导的老套路。如今，我们需要一种新的创意、设计和创新模式，对设计的非传统经济部分加以考虑。这样，设计才不仅仅是一种装饰。

人类学家、后发展理论家阿图罗·埃斯科瓦尔（Arturo Escobar）在最近发表的会议论文《设计本体论笔记》当中再次提到了维克多·帕帕奈克在《为真实的世界设计：人类生态学与社会变迁》（1971 年）中阐述的观点：

"世界上没有几种职业比工业设计师危害性更大——如今，工业设计正以大批量生产为基础来进行谋杀"；"设计师已经变成了一群危险的人。"（1984：ix）。对此，埃斯科瓦尔评论道："工业化生产和美国在文化、军事和经济三方面的霸权都已经抵达顶点。"[1]

从表面看来，自帕帕奈克在设计与发展领域发出呼吁以来，情况似乎没有什么改变：新自由经济政策不断扩张，设计发展的动力并非真正的社会需求，而是自由市场经济霸权文化下的日用品消费繁荣。而后者正是帕帕奈克及同辈人努力摒弃和对抗的。然而，埃斯科瓦尔认为，在帕帕奈克完成其代表作之后的四十年里，在新的"世界主义"语境下，设计和人们理解设计文化的方式已经发生了实质性的变化。在埃斯科瓦尔的"设计后发展"概念中，他推崇多元概念，反对企业和军方所支持的"去本地化"体系。他不认为"全球化"就是"普世，完全经济化"。

设计与国家相关联是一个重大主题。20 世纪设计史中一个不可或缺的部分就是以设计促进科技进步、工业创新和政治发展。在 21 世纪，人们对于创意产业衍生出来的各种讨论日渐熟悉，设计在后工业经济中作为社会关系和政治关系的转化机制也越发常见。

如今，设计被公认为是城市创新的主要驱动力。从阿姆斯特丹到孟买，城市规划者们纷纷为设计师、设计零售店和设计酒店预留发展的空间。在过去的十年里，这种"设计师景观"已经变成了一种政治修辞的缩写，它将城市空间视为发展新兴创意经济和实施相关文化政策的起跳板。

然而，如果要对"在 21 世纪将当代设计作为城市创新驱动力"这一问题进行讨论，非常重要的一点是将创意产业的史学范围扩大，尤其是在英国这个素有创意传统的国度。英国被认为是世界创意产业的领头羊。早在三十年前，该国就已经开始将发展设计作为国家实现私有化和货币主义政策的首要举措。

1989 年，在一栋由被废弃的 19 世纪厂房改造而成的国际主义风格的白色建筑中，伦敦设计博物馆诞生了。这拉开了伦敦成为闻名的世界创意城市之序幕，也预示着英国将成为世界创意产业政策的领导者。设计博物馆是码头区发展项目之中重要的一环，而该项目的主旨是通过建筑和零售店的规划，促进从前工薪阶层聚居区实现中产阶级化。设计博物馆坐落在泰晤士河南岸的巴特勒码头上，是世界上第一所专注于现代设计的博物馆。馆中展示了具有良好品位的工业设计品，并为重新发展起来的码头区增添具有高附加值的创意资本。

设计博物馆开幕展以"商业与文化"为主题，提倡在自由市场经济萌芽期，购物、消费主义、零售文化与创造力和创新结合发展。国外记者将该博物馆的开幕视为英国经济的转折点，从此之后，英国经济逐渐从以国营主导转向以追逐商业利润为目的的美式赞助制。

1980 年代的玛格丽特·撒切尔政府将设计置于所有的艺术和创意形式之上，将其视为城市复兴项目的核心。而这座带有旗舰性质的博物馆也被视为英国国家复兴计划中一个重要环节。首相本人亲自莅临宣布博物馆开幕，表明设计将作为后工业时代英国再创辉煌的主要推动力。在英国其他重要国有机构纷纷遭遇政府拨款削减之苦时，设计博物馆的经费却由泰伦斯·康蓝的私人基金会提供支持。康蓝是英国设计零售业和设计企业家圈里的领军人物。他于 1960 年代创立了专为战后年青一代消费者提供家居设计品的商店"爱必居"（Habitat）。于是，该博物馆主要被用于推广康蓝的品牌、设计品商店和那些象征着当时全面繁荣的设计餐馆。

设计博物馆的成立正如一种号召，号召设计、创新、城市和消费者的生活方式以全新的方式集结。1989 年 7 月 5 日，撒切尔夫人在伦敦设计博物馆的开幕仪式上发表讲话，勾勒出了一幅新的蓝图。在这幅蓝图中，设计将取代曾经以制造业为特征的国家形象，并成为消费新政治的主导力量。她说："购物和工作都是我们日常生活中最重要的部分，同样，形成社区共有意识也越来越重要……事实上，我们希望能够尽量享受消费品并且对消费品有更多了解。"

伦敦码头再开发公司于 1981 年由撒切尔政府成立，是一个半官方机构。该公司在泰晤士河畔 22.2 平方公里范围内发展出一个商圈，其中包括购物中心、码头轻轨铁路、伦敦城市机场和金丝雀码头商务区。正如通过美国作家理查德·佛罗里达（Richard Florida）的作品《创意新贵》而为人熟知的模式一样，设计博物馆只是大项目的一个组成部分。该项目旨在吸引年轻的中产阶级专业人士、酒吧、餐厅和各式商场进驻该区域，并且曾经创造过多达 83,000 个就业岗位。[4]

早在佛罗里达的理论广为人知的前十年它就已经被美国的各类协会和政界人士所运用。在欧美的社会学家们也强调并且理论化了设计的角色，尤其是设计师和建筑师的作用。比如说，1989 年，经济地理学家莎朗·佐京（Sharon Zukin）在研究了下曼哈顿地区之后，完成了一篇有关与中产阶级化的经典学术论文：《阁楼生活：城市文化资本的变化》（"Loft Living: Culture and Capital in Urban Change"）。该论文主要论述了艺术家与设计师如何为房地产开发商开发房地产铺平道路，社会公共设施的空间私人化和转让，目标客户群体锁定为"雅痞"一族的私人房产取代了当地工人阶级的社会福利房。设计作为一种促进消费的驱动力和生活方式得到认可。在部分学者和政策制定者看来，这不是创新，而是历史的倒退。

1980 年，改建正是城市变革的关键。码头区居民试图保卫他们将要被改建的家园，遍及英国的罢工矿工和在关闭煤矿过程中执行任务的警察之间暴力冲突不断。在这种政治环境下，开发者的当务之急变成了处理各式冲突。[5] 然而，这些与政治有关的激进历史通常都被作为设计变革影响力中的非关键因素而被排除在城市风景之外。

三十年之后，理查德·佛罗里达等人提倡的乌托邦式创意产业蓝图是否仍然适用？此类模式是否应当被推广到新兴的国家并且不需要根据实际情况进行本土化的调整？同时否认采用这种方式存在一定程度的潜在危险？中产阶级化过程是否已经去政治化，有关城市创新带来社会附加值的相关辩论是否已经停止？

越来越多的设计业内人士开始为这样一个事实而担忧：设计似乎已经变成解决所有问题的万金油，但事实上，这些问题由更广泛更复杂的社会因素所决定。四十年之前，设计批评家维克多·帕帕奈克撰写了这部颇具思辨性的著作《为真实的世界设计：人类生态学与社会变迁》。在这部著作中，他提出设计的危险在于其可能会成为一种不负责任的实践，它既有能力掩饰社会不公也能促进社会公平。帕帕奈克这本书自 1971 年初次出版以来就再版不断，他在其中还提到设计有可能比假药的危害更大，支持社会不公，而不是为可持续发展提供更多选择，为真正的创新出力。

如今，全球每年都有上百个"设计周"。从北京到赫尔辛基，许多城市每年都为了"设计之都"这一头衔精心举办各种展览和活动。在实践理想化的"创意"城市的新自由主义图景中，设计日渐模糊的身份和角色也引来越来越多的批判。

最近，在著名设计杂志 Dezeen 中，卢卡斯·维尔威(Lukas Verweij) 强调，设计在全球范围内被视为经济增长的关键，欧洲的政府补贴为设计行业的快速发展提供了支持。维尔威认为，在诸如中国和印度一类的新兴经济体中，设计的重要性也日益显著，与其不断扩大的社会职能和其尚未完全明确的身份共同指向一个危机点：

"对于设计的期望与期待在不断增加：设计可以解决北京的雾霾、阿富汗的雷患、西方城市当中贫民区的巨大社会问题。但事实上，设计不可能完全满足这些期待。我们现在处于'设计'的泡沫中，总有一天它会破灭的。"[6]

这一全新的思考批判了"将设计作为现代新自由

主义政治中一剂万金油"的观点，是对帕帕奈克著名观点的呼应，并引发新的共鸣。[7] 设计圈外的学者和经济评论家最近认为"创意经济倒退"的态势正在萌芽；一些过度简单的想法（比如：佛罗里达认为一条自行车道就立刻能够为城市注入更多的创意潜力），在今天美国的经济环境下已经失去可信度，同时也在一些从工业向创意转型的城市中失去可行性，比如底特律。

还有一些批判的声音。比如经济地理学家托马斯·马歇尔·波特（Thomas Marshall-Potter）就描述了创意经济和中产阶级模式并不像看起来那么容易奏效。

"在没有了工厂和仓库的去工业化城市中，文化日益被政策制定者视为万金油一般的存在。在城市经济发展中走'文化'路线的转变简直成了一种万能的发展对策，它就像病毒一样，以创意和文化产业作为发展核心，在地区之间迅速传递。"[8]

近日，伦敦政治经济学院的社会科学家和兰卡斯尔大学工作基金会共同完成的一篇文章，提出了以城市和创业产业为基础的设计、创意和城市复兴的相关问题。[9] 为了挑战产业作为创新的原动力在城市创意产业中的作用，他们选择了英国的 9000 家中小型企业做实证研究。研究表明，"没有任何证据证实在大城市的创意产业更具创新性"。[10] 实际上，这项目来自英国的研究也支持了其他的学术观点——"在伦敦，创意行业其实要比在别的地方缺乏创新性"。[11]

在《创意阶层的谬论：为什么理查德·弗罗里达的'城市再生计划无法拯救美国城市'》这一类型的标题之下，一些文章主要批判那些被过分夸大的城市创意产业的范例和急功近利的城市规划者的想法：比如想要将类似于自行车道一类的简单设施引入城市当中以求脱贫。甚至佛罗里达本人最近也承认了他的那些想法具有严重的局限性。"通过近距离的观察，精英聚集基本上不能够提供涓滴收益，其收益不成比例地向具备更高技术和知识的专业人士和创意人士流动。他们的收入更高，高到足够负担在这些地段的高额房价。"[12]

然而，相对而言，创意经济模型输出的方式仍然无具争议性。比如，在 2006 年，联合国教科文组织政策性文献《了解创意产业：针对公共政策制定的文化数据》中，就强调了在后工业、知识为导向的经济中，创新显示出了重大意义："除了能够创造比一般行业平均值更高的就业岗位之外，它们也是文化认同的一种重要载体，能够在形成文化的多样性方面扮演重要的角色。"[13] 然而，就创意产业模式的影响而进行的有深度并且关系到人种学的研究则少之又少，更别说将设计应用到引入消除工业发展带来的恶果和构建发展中国家社区的案例了。在前文提到的文献中，联合国教科文组织尝试在新兴经济体中推广创意产业时也意识到了这一点："人们对这个领域并不了解，一些政府仍然对其潜力深信不疑，同时也试图探测出该领域的经济活动中产生的障碍。"[14] 有一个例外是文化与媒体研究学者麦克·康纳（Michael Keane）的研究。他研究在"从中国制造到中国创造"语境下，设计在城市发展中的影响。而在他的文章《大适应：中国的创意产业和新的社会契约》（"Great Adaption: the Creative Cluster and New Social Contrast"）当中，他研究的项目均围绕着城市、技术、创新和本土自上而下推进的创业产业政策及其长期影响而引出的论述展开。[15] 此类研究和在新兴经济体中围绕创意产业展开的批判性讨论，对于重新评估设计可能具备的社会效应至关重要。[16]

一个城市应当如何接受设计的软性（在社会、环境、文化方面）部分？这部分对社会的贡献通常无法按照确切的经济收益来计算。是否能有一种新型的设计类型在已经成型的新自由主义模式和消费文化的边缘发展起来？它们在持续发展社会创新和挑战已经存在的非持续性制造经济方面具有怎样的潜力？

从设计理论家维克多·帕帕奈克完成《为真实的世界设计》至今已经有四十个年头了。如今，我们仍然需要一种新的创意、设计和创新模式，这种模式应当对设计的非传统经济部分加以考虑——处于变迁中的文化、社会语境，以及整个社会的共融——包括老年人、孩子和少数族群。现有的创意产业模式关注同质化和设计文化创新的既定模式，认为创意产业只由年轻人、时尚潮人和有钱人主导。政策制定者该如何跳出这种思维定势？

设计应该引导城市创新，其作用不应当仅仅只是停留在装饰的层面。正如经常被人们引用的哲学家和技术历史学者布鲁诺·拉图尔（Brouno Latour）在有关于城市的论述中所说的那样："设计通常被用于处理跟物相关的政治……如果你看看周围的人是如何看到政治——它总是与物有关，它总是跟地铁、房子、风景、污染、产业有关。"[17]

[注释]

[1] 阿图罗·埃斯科瓦尔：《设计本体论笔记》，见美国人类学协会旧金山"《为真实的世界设计？》"研讨会手稿，2012 年，第 2 页。

[2] 阿迪亚斯、依琳：《建立设计博物馆有助于多留意于物》，1989 年 12 月 3 日，《芝加哥论坛报》发表，http://articles.chicagotribune.com/1989-12-03/entertainment/8903150021_1_british-museum-first-museum-design-museum.

[3] 英国首相玛格丽特·撒切尔，1989 年 7 月 5 日讲话，www.margaretthatcher.org /speeches/displaydocument.asp?docid=107722

[4] 理查德·佛罗里达：《创意新贵》，纽约：基本出版社，2002 年出版。

[5] 珍妮·福斯特：《码头区：矛盾中的文化，冲突中的世界》，伦敦：伦敦大学学院出版社，1999 年出版。

[6] 卢卡斯·维尔威：《"设计"泡沫的破灭只是时间问题》，Dezeen 杂志，2013 年 12 月 26 日发表。www.dezeen.com/2013/12/26/opinion-lucas-verweij-design-bubble

[7] 也见卡梅隆·东京怀斯：《设计之外：不制之物》，2013 年（草稿）http://www.academia.edu/3794815/Design_Away_Unmaking_Things.

[8] 托马斯·马歇尔·波特：《创意阶级：新自由伦敦的政策》，http://thisbigcity.net/author/thomasmarshallpotter/

[9] 尼尔·李、安德烈·罗德里格斯·波什：《创意、城市和创新：英国的凭据》，内斯塔小型科技公司系列研究手稿，第 13/10。

[10] 参见 C. 凯普顿、P. 库克、L. 德·普罗普瑞斯、L. 马克尼尔和 J. 马特奥斯·加西亚：《创意群体和创新：创意地图》，伦敦：科学、技术和艺术国家基金会，2010 年出版。尼尔·李、安德烈·罗德里格斯·波什：《创意、城市和创新：英国的凭据》，内斯塔小型科技公司系列研究手稿当中引用，第 3 页。

[11] 理查德·佛罗里达：《美国新经济地图当中胜者少败者多》，《大西洋城市》，www.theatlanticcities.com/jobs-and-economy/2013/01/more-losers-winners-americas-new-economic-geography/4465

[12] 尼尔·李、安德烈·罗德里格斯·波什：《创意、城市和创新：英国的凭据》，慕尼黑个人经济学文献档案馆文章编号：48758，2013 年 8 月 12 日发表，http://mpra.ub.uni-muenchen.de/48758/ MPRA

[13]《了解创意产业：针对公共政策制定的文化数据》，联合国教科文组织 / 全球文化多样性联盟，2006 年，第 3 页。

[14] 同上，第 1 页。

[15] 麦克·康纳：《大适应：中国的创意产业和新的社会契约》，美国延绵出版社：媒体与文化学习杂志，2009 年，第 23 期，第 2 号。

[16] 维克多·帕帕奈克基金会双年度学术研讨会，《新兴的另类经济：全球设计的社会责任》，2013 年。参见 papanek.org/symposium

[17]《与布鲁诺·拉图的对谈》，收录于《新地理 1：在零之后》，史蒂芬·拉姆斯和尼娅·图诺编辑，2009 年出版，哈佛大学出版社，第 24 页。

设计文化的再定位和再本土化

盖·朱利叶 (Guy Julier) / 张弛 译，原文参见本书 167 页

英国布莱顿大学设计学教授、南丹麦大学设计文化客座教授、
维多利亚和阿尔伯特博物馆当代设计理论研究员

[摘要]

现代社会中，设计通常与城市体验紧密相关。虽然设计与乡村并非完全无关（比如，一些设计师将工作地点设于城外），但在主流的观点和设计论述中，绝大部分设计实践和专业工作都被置于城市中心。值得注意的是，看上去甚至可以说设计是被鼓励聚集于城市的"创意园区"之中。结果，这种集中本身也变成了现代性的标志之一，成为一座城市在全球化过程中的必经之路。一般来说，消费者文化也代表着一种城市的、现代的活动，象征着商品交换过程中可以企及的最高点。购物，尤其是除了食物等生活必需品之外的消费，无可避免地变成了城市生活的乐趣所在，消费本身也变成了经由设计师设计之后的一种城市生活。于是，"设计文化"这一概念也就首先被等同于一个过程，一个体现着设计师的劳动、设计品消费、产品生产和循环之间内在关系的过程。然而，这一发展过程中，与乡村有关的设计思考却被忽视了。由此，乡村与城市在文化构建方面形成了二元对立。而在设计文化的概念中，乡村被理所当然地置于主流之外。在拓展设计文化发生范围的当下，也是时候重新思考这个二元对峙问题了。

本文的第二部分试图寻找一种全新的思路，以重新思考在"获取"和"使用"之外的消费问题。文章将消费视为一张由人和事构建而成的网络，在这个网络中，"没有任何事物是一座孤岛"，推而广之，设计也就成为日常生活的组成部分。由此引申开来，本文将以另一种方式重新思考设计文化发生地这一问题。设计文化可能存在于城市之中，也可能存在于城市之外，甚至可能打破"城市 / 乡村"这种划分范畴。

对峙的城乡

但凡有关城乡关系的讨论，很难不陷入二元论。即使避开城乡不谈，我们还有一系列其他容易落入相类似窠臼的二元对立双方，比如：工业 / 农业、孤立 / 联系、现代 / 传统、快 / 慢等。不论是在个体选择栖身之所还是在选择生活方式的层面，甚至是在公共政治以及社会实践的层面，这种二元论都能提供"更为简便"的选择，使我们更容易做决定。

毋庸置疑，这种二元对立在历史中和文化上都曾被不断强化。多个世纪以来，在多种文化之中，口口

相传的故事和视觉作品均将杂乱、令人迷惑、艰苦和矫揉造作的城市体验与有规矩、容易理解、舒适自然的自由乡村生活相对立。[1] 然而，在工业化和城市化的进程中，乡村为我们带来的不仅仅只是视觉美感，还能够让想象力得以发挥。

自 2005 年以来，全球已有超过半数的人口为城市居民。这一数据被广泛引证实了工业化和城市被置于越发重要的位置。然而，假如我们想要挑战城乡划分这一基本概念呢？城乡之间的区别会越来越清晰吗？还是会有一些无法界定的模糊地带？比如说，包括米兰、哈瓦那、圣彼得堡和首尔等在内的全

球二十八个主要城市有没有可能在 2025 年缩小？[2]
虽然有中国学者认为这些城市缩小的可能性不大，因
为它们当中有二十个还同时处于全球膨胀速度最快的
三十个城市榜单中。但是，城市缩小问题会引发我们
对城市结构、作用和意义的再思考。比如，美国城市
底特律走向衰败，导致大量土地被用于耕种和养殖，
乡村生活方式入侵城市版图。[3] 与此相类似的还有被
美国封锁在商贸圈之外的哈瓦那，它变成了绿色生态
城市。

在设计方面，设计论述、政府政策、设计教育和
专业机构以及那些持续作用导致"设计与城市密切相
关"这一观点不断被强化的人与事，反过来也为加深
城乡划分添砖加瓦。设计似乎跟乡村无关，乡村是天
然形成的，城市才是人造的。

在设计理论研究领域，1970 年有两个打破了城
乡二元理论的案例出现，分别来自克里斯托佛·亚历
山大和比尔·莫里森。亚历山大关注生活结构和系统，
他揭示了其中既定的逻辑——我们如何构建家庭环
境、办公环境和我们栖息之地的空间分布。[4] 莫里森
则研究生物与人类资产和活动之间的双向依赖，探索
以最小的能量投入获得最高效的食物生长的设计。这
两个案例都没有涉及城乡概念。[5] 他们的研究似乎打
破了这种对立，也突破了我们对于现代生活的种种想
象。尤其是在莫里森的"永恒农业设计"概念中，有
一项研究着眼于良性集约化。该研究打破了特定地点
和范围的局限，探索物、人、知识以及技能之间的关系。

我将在本文的后半部分继续讨论"关系论"的相
关问题。让我们在下文中先以更常见更主流的方式来

讨论因为设计、设计生产、设计消费越来越普遍而引发的一系列问题。

设计和生产

设计角色和作用之一是着力于集约化使其扩大。[6]设计工作室是一个将大量的工作时间倾注于物品细节、图像细节、空间细节的地方。设计师在这里跟客户讨论、撰写、修正并解读设计需求，分析产品信息或者使用者信息，然后做出大大小小的决策。这里有由电脑、桌子、椅子、墙与墙构成的空间、发布信息的黑板等组成的物质文化。而这一切的最终成果是投入大批量生产的产品。我们可以从以下这条信息中得到确定的数据：一个产品80%的价值和影响力被确定于设计阶段。[7]

品牌的崛起为该观点提供了有力证明。品牌各有特点。[8]它们被开发出来，为产品生产、销售渠道以及服务都提供了统一计划。这一计划通常被为该品牌服务的设计师编辑、发表，并加以概括，成为品牌指南。品牌特色被提炼并诠释出最终结果。此后，该指南被运用于整个产品系列，并且在相应机构的环境中得以体现。它们是一种元数据[9]，或者说是一种法则，被广泛运用于企业标识（Logo）设计、企业书刊设计、产品视觉语言、室内设计、员工制服设计中，甚至被用于与客户互动方面。随后，品牌旗下的产品被一一投入大量生产，衍生出无数件。集约化的品牌设计投入通过品牌的物化得以扩大，并面向广大民众。

与此相似，在城市发展的过程中，一个城市或者城镇的个性化特征应当如何通过该市（或者该镇）的方方面面得以体现。一个直辖市可以从经济、文化和社会等方面来制定发展重点，将这几方面加以组合也愈发普遍。就此展开思考是为了促使城市（或者城镇）在文化建设方面做出正确决策（比如说，建设博物馆、餐厅、剧院或者运动设施），从而吸引某一类特定职业的从业者和投资者前往。于是，一个新的区域会被再开发，而通过这种方式得益的获益者将不只限于上文中提到的特定人群。在这个过程中，设计和创意变得尤为重要。这不只是因为它能重塑某地，让其大放异彩，还因为重视设计也表示该地正在经历革新。如果现代设计在一个城市中得以集中体现，该地也会被贴上既新潮且具有改革性的标签，比如城市中现代化的公共空间。

这是一个循环。这些改变正在发生，随之而来的是相应的利益和投资：全球资本流入，地产价值提升，产生股票，资本盈余支持变革往前推进。经历这个过程之后，设计和资本逐渐汇集在城市范围内。乡村则被忽视了，似乎一个国家的发展越发具有只以城市作为典型的趋势。

设置创意产业园如今已经成为城市规划与发展中日渐常见的利好举措。有人认为，创意产业内部依赖于互相之间的创意和人群的交流来聚集财富。也有人认为，在这个行业中，工作和休闲之间的界限并不明确。还有观点认为，设计师和其他创意产业的从业者生活的固定模式就是在一天结束之后，离开工作室，走进酒吧和餐厅，继续社交生活。因此，在创意产业园区开的设计酒吧和餐厅有助于该园区的持续发展。[10]此外，我们还可以看到城市的一种变迁。城市已经不仅仅只是设计生产的核心地点，还大有被转变成为设

计大熔炉之势，变成一个以设计为潮流，通过不同方式大量消费设计的地方。

某些跨国公司将城市化进程视为战略部署和发展的资源。比如说，制造商明基在为摩托罗拉生产针对中国市场的手机之后，很快就开始生产自有品牌手机。该公司在台北设立了生活方式设计中心，招聘了超过50名设计师。为提升国际影响力，在巴黎和米兰也组建了设计团队。明基在台北的生活方式设计中心不过是众多类似企业的设计中心之一。[11] 从2000年开始，福特、河间岛（River Island）、索尼和诺基亚纷纷在伦敦设立全球设计中心。这也说明设计中心可以远离产地和市场。事实上，通过这些案例，我们还能看到这些跨国公司的设计和模型中心都设在新产品能够成型并且容易被接纳的地方。其中原因之一是在类似于伦敦这样的都市里，消费者既愿意尝试又能让设计师产生灵感。还有观点认为，一个国际化的城市也应当是国际市场的微缩版。另外两个原因是，第一，伦敦现在有大约386,000人供职于创意产业，能够为这些创意中心源源不断地提供人力资源。[12] 第二，作为"创意城市"，伦敦也鼓励这些公司在此设立创意中心。

设计与消费

毋庸置疑，现代都市生活显然已经被各色标志所占领。过去十年中，全球范围内设计产品崛起速度飞快。2010年，联合国的一份报告证实了这一观点。该报告也说明了将这些产品定义为设计商品是因为推算出其在设计方面的高投入。[13] 在估算这一数值时，报告还提出从2002年到2008年，在发达国家和发

展中国家，设计品出口额的增长至少翻了一番（从
534 亿到 1224 亿，中国为主要增长国）。而在那些处
于转型期（转向市场经济的）发展中国家，这种增长
更是高达三倍。如今，那些拥有丰富产品和服务的经
济体越来越频繁地被提起，而且这二者被公认为是这
些经济体取得领先优势的关键。[14] 这也说明，在全
球范围内，设计品销售额在上升，越来越多的消费者
愿意在数量不断增加的折扣店里购买设计商品。日常
消费领域的设计商品占领了步行街和网络。

在过去的二十年里，与这种增长相伴随的主流学
说是将消费视为个体行为，是个人在购买产品或者在
消费过程中对环境的体验。消费也被解读为一种浪漫
的慰藉，满足那些经历过一周无聊辛苦的工作之后而
衍生出的个人欲望。[15] 它还被视为一种宣称个人权
利的方式：品位象征着权利，也是个性的民主化呈现。
购物体现了个人的性格特色，是人群的划分方式之一，
也是个人成功的象征。[16] 步行街和购物中心是消费
行为的发生地。这个城市空间正是为了让独立个体完
成工作、储蓄和消费全过程而存在。在这里，日常生
活中的审美泛化得以抵达顶点。[17]

城市在设计促进消费的过程中被视为主要推动
力。城市设计的发展致力于促进购物中心以及步行街
的商业繁荣，甚至就连店铺与店铺之间的休息区也都
在为了促进消费而努力。这部分公共空间设有供消费
者小憩的长椅。长椅的设计与商场里其他设计所使用
的视觉语言别无二致，无时不在提醒消费者们身处何
地。这些长椅往往由坚硬的材料制成，并与周围的购
物环境相呼应，以便让购物者不间断地接收"信息"
并且最终开始购物。

同样，美学化的现代生活图景也始终离不开城市，它需要集中的购物空间。在这里，人们可以对商店和品牌进行比较。它们就是为了逛街购物这一项活动而存在，为览胜般的购物之行提供情境，成千上万的人共享着这个情境，他们的诉求互相类似又各有差异。

设计文化

现在，我们已经了解了设计论述何以集中在城市范畴。这些观点包括设计师愿意扎堆工作，设计的集中能够从经济、社会和文化等方面成就城市当权者的雄心，可以提升城市品牌效应。然而，如今，产品涉及的空间是分散的。产品不同部件被置于不同大陆生产，然后在类似于深圳这样的城市组装，再被运到不同销售点。销售方面，网络成为步行街、购物中心之外另一大量销售的渠道。购物中心和网络将常见的消费行为带到城市及城市附近。网络作为新的购物空间，也为消费行为的传播起到重要推动作用。

与设计的崛起相伴随的是人们开始使用新的方式来描述它，反过来，其社会意义也促使人们用新的眼光审视它，也许未来还会出现新的设计实践方式。设计行业内就业岗位的增加和商业活动的日益频繁，设计生产分配的不断增长，以及消费如何将一系列原本毫无干系的行为联系在一起也变得越发重要。如果将这些因素汇聚在一起，考虑它们之间如何相互关联并产生互动，它们也就可以被作为整体纳入设计文化的研究范畴之中。

设计文化独立存在，但是在学术领域中尚属新兴。作为研究对象，它总被认为是一个包括了物质资源、人力资源、技术、知识和活动的链接，设计在其中均具有重要意义。"设计文化"这个词本身已经变成了一种带有宣传性质的说法。提到一个地方的设计资产时，人们大都会用"设计文化"，而非只提"设计"二字。设计学校和设计组织等机构，则是把设计师和专业人士联系在一起的人脉网络，是可以看到或者体验到设计的地方，也是将设计与文化相结合并形成流行风格和完成设计实践的地方。但是，文化并不是依赖于设计或者是影响设计的唯一元素，"文化"这个词意味着以设计师的方式处理生活各个层面的问题。

作为一个学科，设计文化研究这些过程。[18] 它坚决关注当下，试图同时阐释其历史形成过程与未来发展动向。它打破了设计研究的既有方向，比如之前互相孤立存在的工业设计或者平面设计，将休闲方式、居民区、网络社区这一类的情境作为研究对象。而这些情境又是由诸如酒店、街道和电脑等各种事物组成的。此外，可能还会包括视觉传达设计，比如引导标识、指导手册或者平面设计的界面。它还会关注构成这些情境的不同设计媒介组合。同时，上述情景也需要人的参与。所以，人在这些情境中的活动也是研究对象——人与这些情境如何相互作用相互影响。

在设计文化中，我们将设计作为一种社会实践。通过这种实践，我们可以研究设计的社会意义，设计如何运转，如何为人所用，又如何受到影响。在这种情况下，设计文化研究通常也会涉及设计之外的消费，并且打破消费是个人化行为的观念，将消费视为一种带有公众参与性质的行为。我们关注的不仅只是设计行业内部的林林总总，还包括产品的生产、加工、分配、推广等，以及对物品、空间及图像的消费。我们感兴趣的是存在于它们之间的那些信息、知识、理解、情感表达，它们是否流动以及流动方式。事实上，设计文化研究的关注点是"相关"。

另外，设计不仅仅只限于视觉，它还有关乎触觉、味道、质地、声音、重量、温度和其他多种感官功能。这一点也许显而易见，但是如果深入了解，它将会带领我们超越设计，落到视觉文化层面。如果说观看是象征性行为，跟设计物品和环境有关的实践则更加实际具体。学习使用具有实用功能的物品将会涉及一些具体知识，而这些知识是人类共有的财富。通过观察和模仿，人们会在有意无意间完成学习的过程，学习如何做事，如何排队，购物时如何付款，如何使用智能手机。这些活动并不简单，而人们的行为模式也需要高度一致。

更重要的是，观看通常需要观者本体和观看对象之间进行交流。如果涉及设计物品或者环境，常常还需要经过不同的形式和多次反复。设计是系列化再生产，因此，我们才能够在不同的地方，体验到同一种设计的不同形式。当你骑着一辆特制的自行车时，也有可能会看到别人也骑着它，你还可能看到它被陈列在一个商场里，或者被刊登在某杂志的广告上。虽然品牌表现出独一性，但是人们会通过不同的形式了解产品，产品也会以多种方式实现物化。

因此，在设计文化中，我们必须要考虑多样性。设计新闻从业人员和策展人通常都会致力于使设计品看起来独一无二。刊登在杂志上或者是陈列在画廊里的知名设计师作品看上去跟仅此一件的艺术品别无二致。但是，设计品和日常生活中的环境是复杂多样的，

而且它们之间还相互依存。比如说，《自行车保养指南》要成为有用之物就必须要既有自行车又有人在车和《指南》之间作为媒介。

日常实践

研究多样性的概念和关系能让我们明白设计师的设计行为相互关联，消费也不仅仅只是对单一物件进行交易的个体行为。设计必须与多重网络相互影响相互作用。消费包括套、群和组合，而这些都需要相应事物的参与才能顺利运转。比如说，电饭锅并不是一个完全独立的工具。它需要干净的水、电、放置米的空间和一个煮饭的场所。当然，如果没有米，它就不具有任何存在的价值。此外，它还需要有某种形状和大小的餐具，与米饭搭配的其他食品。使用这个电器还需要了解能使它运转的相关知识，适合使用的时间和地点等。作为一种主要的饮食工具，它还代表着某种情感价值，甚至在由食文化构成的社会习俗和意识中，代表了某种文化意义。购买了一个电饭锅，其实是购买了一个"米饭"项目。[19]

设计师依赖于同一网络中的所有物品和行为。改变其中任何一个类似"项目"组合里的任意部分都会对整个"项目"产生影响。[20] 同样，购物和使用的过程也不应该是互相孤立，它们也应当是社会活动的组成部分。电饭锅的存在和品质都与其他材料和服务息息相关，也是同一种共识和行为的组成部分。它们共同构成一项实践活动。此外，包含其中的还有一种"物质符号学"的过程。物品和环境共同构成情境、形成行为、增强意义。习惯性的使用会强调并稳固它们的价值，并会增强对日常生活的理解。在设计的商

业世界之外，家庭也自有其设计文化。毕竟，人们正是在家庭中，思考、创造、产生和完成类似于以米饭为主的饮食行为等一系列的其他行为和活动，比如摆放家具或者缝纽扣等。家庭中的品位模式、偏好和习惯与生产和消费相互联系。

关联和统一

思考日常生活中的实践也表示我们是在思考不同区域和范围中的组合，正是这些组合导致各式设计文化的发生。在前文中，我已经提到了设计论述偏重于纯粹的城市空间，说明了它如何完成商业实践，实现城市当权者的雄心，促进消费文化繁荣。当然，我们也可以认为设计文化就是在这些地方发挥了作用。毕竟，设计工作室的"配套"设施，比如画廊、独立设计品商店、设计酒吧和餐厅通常都开在创意园区。或者说，"符号化的街区"意味着在一个被清晰定义的空间里，设计产品和设计消费的密集交换。[21] 然而，在考虑设计的角色时，如果将关注点从城市转移到日常生活，我们也就可以开始考虑设计的其他范围、特点和现实问题。

回到家庭的设计文化这个概念本身，还有一种提法叫做"责任地理"。[22] 家庭是一个地点，是一个定义清晰的空间，人们在这里为了发展或者完成某些展望，做出决策、进行活动。如何消耗或者保存能量，在诸如吃饭之类的日常生活行为中以何为重，与物质和民俗有关，也跟持有相同关切的外部世界相关。

家庭是相关联的空间，将事件、人和观点集合在一起，并可以扩展至更大的范围。[23] 我们可以从家庭内部和外部关系发展过程中扩展出互相关联的范围。从家庭可以推及社区。社区跟家庭一样，也是一个组合，虽然这种组合里不一定只包括了能够说明其特点和运行方式的严厉法规和公告。比如说，作为一个国家，会有诸如法律体系、教育体系和军事系统构成的一系列机构。这些机构相对来说还比较简单。复杂的是让这些机构组合成统一体，让人和事物组合在一起进行各种各样的活动，并且具有完整的逻辑。"统一体"是一个"将事物通过相互间的异同组合在一起的结构"。[24]

家庭、社区、村庄、城镇甚至是遥远的边境都是法律实体。它们由某些特定法律所划分，这些法律能够确保它们能够通过不同方式，关注不同重点，作为社会体和经济体正常运转。但是，它们同时也会被一系列常见的日常实践所定义，它们是相互统一的。后者说明它们在运转过程中可以灵活多变，或许还能够突破历史上城市和乡村的划分。

乡村／城市的再划分

2009 年，我跟英国包曼·莱恩斯建筑师事务所共同开始了一项名为"独特城市"的研究。英国东南部一家区域发展公司委托我们研究乡村如何通过专业化实现再发展。[25] 有几个小地方正是通过专注于某一领域的发展而闻名于世。我们感兴趣的研究对象包括：威尔士的马汉莱斯，该地区得名于绿色能源项目，以及因户外运动中心而扬名的德国埃姆歇。

我们研究过的另外一个案例是位于英格兰和威尔士边境的上威河镇。这个镇上有大约 2500 个居民，开着 35 家二手书店，每年还会举办一次年度书会。人们从世界各地赶来淘书或者参与被国内外媒体广泛报道的书会。这个小镇的身份特征不仅只是带来了遍及全球的名望，同时，与小镇居民的日常生活也密切相关。比如，居民们需要干搬书之类繁重的体力活，而搬书正是书城特征的一个具体构成部分。这个小镇是由各种差异组合而成的统一体。比如说，不同的书店专注于经营不同类型的书籍或者是专为不同类型的客人服务。一家书店可以专门陈列和出售儿童小说，而另外一家则可以专营旅行类书籍和非小说类书籍。咖啡馆和旅店可以为旅行者提供住宿，为年度书会提供支持。有了网络，这里的一些书店还可以为遍及全球的爱书者和书籍收藏者提供图书珍本。小镇不断发展着，拥有并适应着"关联"的差异和无常。它的出现并不是刻意设计的结果，也不由任何一个公司控制，它看起来跟其他小镇别无二致。它的特点体现在小镇居民日复一日的行为习惯和过程中，也体现在具象的书、书店和书架中。虽然欧洲还有几个其他书城，但都是规划的结果而非自然形成。这些书城当然也投入了不少热情，举办了多年的活动。它们出现的意义在于说明乡村地区的发展不一定非要限于城市／乡村划分的图圃。它们并不需要为城市服务，也不一定要走"田园牧歌"的风格路线。它们有自己的专业关注，以此定义自己，同时并非遗世独存，它们与外部世界和现实利益保持着联系。

另外还有几个其他的案例。不是每个城镇都可以成为书城，或者具有其他的专业发展，但是通过了解自身的传统、现实和相关情况，小镇可以为自己设计，也可以找到设计如何在其他环境中发挥作用。就像设计工作室一样，这里汇聚了知识、技巧、决策、行为和物质资源。它们自有一种审美趣味，不一定要为既定的商业观点或者定义设计的公众政策所限制。它们的成功与了解它们自身的构成部分息息相关，包括其中的资产、特点、人类活动和未来展望。

因此，在分析和加强某个地方的优势，发掘地方发展潜力时，设计文化模式将会是有力工具。通过了解设计、生产和消费网络的形成方式这三者之间如何互动，我们可以了解到它们之间如何互相依赖，甚至找到有利于促进它们之间关系更加健康稳定发展的方法。不论是城市还是农村，均能从中受益，还能突破只有几十年历史却一直只与城市生活相关的设计文化现状，对其进行重新定位和本土化。

结论

做一个概括性的论述说明我们如何通过设计构建一个更有持续性、更公平、更合理社会也许并不难，难的是如何将这些论述付诸实践。

在这篇论文中，首先，我试图说明目前的设计实践情况，而非描绘含糊的未来。我希望人们不再仅仅关注设计和消费带来的壮丽景象。设计也许包括让人印象深刻的形式和结构，也包括擅长于视觉思维和采用相应技巧重新打造物品和空间使其变得流行的设计师团体和个人。他们活跃于在有创意感的城市空间中，构建出有魅力的社会环境。同样，消费还包括寻找和挑选生活必需品的这种简单乐趣。但是，设计还存在于一个汇集了多人多事的网络里。我认为，设计正是因为该网络而被嵌入日常生活实践。当观察设计作品和设计构建的网络时，我们也可以更加谦虚和安静。

为了将设计引入更广义的领域，维克多·帕帕奈克曾经发表过著名的论述——"人人都是设计师。每时每刻，我们所做的一切都是设计，设计对于整个人类群体来说都是基本需要。任何一种朝着想要的、可以预见的目标而行动的计划和设想都组成了设计的过程。任何一种想要把设计孤立开来，把它当做一种自在之物的企图，都与设计作为生命的潜在基质这样一个事实相违背。"[26]

现在，我们有了更多的分析工具来了解"生命的基质"是什么，了解设计在其中如何起作用。我们也许更习惯于谈论生命的各种"基质"，而不是一种既定的"规划"。因此，对于生命"基质"的范围和位置、设计当下的作用和未来潜能，我们也可以变得更加具有批判性，更加具有想象力。

（图片说明：本篇图片皆为英国瓦伊河畔海伊小镇，盖·朱利叶提供）

[注释]

[1] 雷蒙德·威廉斯：《乡村与城市》，查托和文度斯出版社，1973 年。

[2] 联合国人类住区规划署，《世界城市状态》，2012/13，纽约：地球瞭望出版社 / 劳特利奇出版社，2013 年。

[3] 马克·比奈利：《底特律的归宿：美国大都市的来世》，纽约：斗牛士出版社，2013 年。

[4]C. 亚历山大、W. 石川、M. 歇尔弗斯坦：《模式建筑语言：城镇、建筑、结构》，纽约：牛津大学出版社，1977 年。

[5] 比尔·莫里森、戴维·霍姆格伦：《永恒农业之一》，伦敦：英国环球出版社，1978 年。

[6] 斯科特·纳什：《集约文化：社会理论、区域和当代资本》，伦敦：赛奇出版社，2010 年。

[7] 约翰·萨卡拉：《赢家！现代企业如何通过设计完成创新》，奥尔德肖特：高尔出版社，1997 年。

[8] 西莉亚·卢瑞：《品牌：全球经济的标识》，阿宾登：劳特利奇出版社，2004 年。

[9] 达明恩·沙顿：《设计电影院：好莱坞社区》，《设计和创意：政策、管理和实践》，G. 朱利叶和 L. 摩尔编辑，牛津：冰山出版社，2009 年，第 174-190 页。

[10] 莎朗·佐金：《阁楼生活：都市变迁中的文化与资本》，新不伦瑞克：罗格斯大学出版社，1989 年。

[11] 约翰·R. 贝尔森、葛丽泰·鲁斯顿，《设计经济和改变中的世界经济：创新、产品和竞争，阿宾登：劳特利奇出版社，2011 年。

[12] 阿伦·弗里曼：《工作底表 40：伦敦的创意产业劳动力：2009

年最新版》报告，伦敦：GLA，经济出版，2010 年。

[13] 联合国贸发会议，《创意经济：一个具有可行性的发展选择》，
日内瓦：联合国贸发会议，2010 年，第 156 页。

[14] 斯科特·纳什、约翰·乌里：《标志和空间的经济》，伦敦：塞
齐出版社，1994 年。

[15] 柯林·甘贝尔：《消费与需求和欲望的修辞》，《设计史学报》，
1998 年，11（3）期，第 235-246 页。

[16] 西莉亚·卢瑞：《消费文化》，剑桥：政治出版社，1996 年。

[17] 麦克·费瑟斯通：《消费文化和后现代主义》，伦敦：塞齐出版社，
1991 年。

[18] 目前，南丹麦大学、伦敦传播学院和阿姆斯特丹自由大学均开
设有设计文化方面的学位课程。英国布莱顿大学开设有《设计未来》
的学位课程，该课程带有强烈的设计文化特色。

[19] 哈维·莫洛治：《物从何来：烤面包机、马桶、汽车、电脑和其
他事物是怎样形成的？》，伦敦：劳特利奇出版社，2003 年。

[20] 哈伦·卡伊更：《土耳其产品设计和消费：一种物质符号方式》，
布莱顿大学博士学位论文，2012 年。

[21] 里泊·柯斯可南：《符号化社区》，《设计》杂志，2005 年，21（2）
期，第 13-27 页。

[22] 多琳·马西：《责任地理》，《地理记事》，2004 年，第 86b 卷，1，
第 5-18 页。

[23] 诺迪杰·瑞斯：《公共介入的成本：碳排放会计的日常设计与参
与的物质化》，《经济与社会》，2011 年，40（4）期，第 510-533 页。

[24] 史都华·霍尔：《民族、关联和王导的社会结构》，联合国教科

文组织编辑，社会学理论：种族和殖民主义，联合国教科文组织，
巴黎：巴黎出版社，1980 年，第 305-345 页。

[25] 包曼·莱恩斯建筑师事务所 / 设计丽兹，"独特的未来：关于
约克郡和汉博能发展何种独特乡村资本方式的研究"，为约克郡发
展署所做的报告，作者：艾云那·包曼、伊芳·迪恩、盖·朱利叶，
2009 年。

[26] 维克多·帕帕奈克：《为真实的世界设计：人类生态学与社会变
迁》，第二版，伦敦：泰晤士 & 赫德逊出版社，1984 年，第 3 页。

从"全民设计"构思中国的未来都市
在联合国教科文组织"创意城市"北京峰会上的讲演

网本义弘 / 陈芳芳 译
发明和想象工学研究所负责人、九州产业大学名誉教授

[摘要]

现在世界上为了培养专业设计师须经由高等教育专门机构进行基础培训，而如果根据我所提倡并实施"全民设计教育术"的话，10 岁以上的男女老幼经过一个月的训练即可掌握这种设计能力，用这种方法对人民进行设计教育。

拥有各自专业领域的人，以"发明和想象工学的构思"来设计都市防灾和进行未来设计。事例：黄土地带耐震地下空间、颠倒的方舟 (UDA) 型海上都市、1/2 体积空间都市等。

用科学技术开发亚洲最大的地表资源"竹"，在进行新的生态都市建设设计中，复活孔子最初所提倡的人伦原理"和"并进行具体的设计提案。

代表着东方悠久历史的文化城市——北京，被认定为联合国教科文组织创意城市 (unesco creative cities)。因此，全世界也自然会期待创造出有视觉冲击力的模范城市文明。

本文针对被认为是抽象、宏大的理论——都市计划的课题，从"设计教育"的视点出发，提出令人意想不到的解决方法。具体而言，以以下认识为前提：一是认识现代都市文明的构成、结构装置是以"平面材"为主体；二是把地震、海啸、洪水、大气污染的防灾作为目的，以现代社会这两大要素的同时应用和解决作为未来都市设计的条件。

所谓的"全民设计"，一般来讲，人们认为从小就有绘画特长或手工特长的人具备成为设计师、建筑师的条件，并在高年级或大学里接受专业的教育后才第一次开启通往正式的设计师、建筑师的道路。但是这种金科玉律的观念，真的不会变吗？

严密地讲，判断的标准是自己设计、构想的东西能否用"透视图"正确地表现（表达）出来。能反映这点的在历史上最典型的例子就是列昂纳多·达·芬奇等。但是，达·芬奇构思图中多数其实是画得并不好的画，即用"平面斜投图"表现出来的东西。透视图表现是先有一个构想之后，然后用其再现出构想。从这个事实可以明确的是，"绘画能力差的人，同样有可能表达出好的想法"。这能够称得上是世纪大逆转。另外，有时候通过对矩形平面材料的单纯的加工，任何人都能制作出让设计师也吃惊不已的东西。

根据以上的认识，我在把这些命名为在"全民设计"的基础上，提出从 10 岁到 15 岁左右的人可以掌握一大半以往高度的设计师技法的方案。即，生活在未来文明世界的人们，如果掌握这个"全民设计"能力后，再学习除此以外的专业领域，并从专业人士的角度发挥运用"全民设计"表现能力，提出超越以往建筑师、设计师的构想 (idea)，并逐步形象化。这样的话，就会创造出至今为止没有出现过的新型、独特的都市形态。

在那样的时代到来之前的时期里，例如，利用设计师具备的整体跨领域间的灵感，不被通常的概念所限制，以生活体验为基础，追求跟以往不一样的发明想象。所谓"发明想象工学"便是这样一种手法——重视我们在思考日常存在的事物的时候"忽然想到的"，把它们计数化，并与别的现象和原理组合起来，就能发明想象出新的形象。

例如，日本与中国和美国相比，国土狭小，仅为它们的 1/25。由此想到，如果每一个人按照宽 5 米、纵深 5 米、高 3 米的空间来算，把全日本 1.3 亿人口的空间集中起来，用大家都能理解的边长相同的"立方体"来换算，75m³ 乘以 1.3 亿，开立方，得出"立方体"边长为 2136 米。这样的话，只需要"边长"相当于富士山高度（3776 米）一半的立体空间就可以了。全中国 13 亿人口，那么"立方体"的边长为 4602 米，是珠穆朗玛峰高度的一半多。用宽 100 米、高 100 米来计算，长度恰好是 10000 千米（约为万里长城的长度），这样一栋大楼就全都能容纳全部的中国人。这样推算，全世界人口 73 亿，"立方体"的边长就是 8180 米，是喜马拉雅山的高度。

图 1

像这样人人都期待拥有这种能力，用日常生活体验到的尺寸和数字，形成具象，不断反转常识得到新的应用，这种方法就是被称为发明和想象工学的"发想考乐"。

然而人造文明很发达的人类生活在这个地球上，也必须面对自然的暴威，特别是大地震、大水灾。以下即介绍发明想象工学的具体对应事例。

一、耐震、耐污染时的地下都市生活（图 1）

拥有复杂构造的现代大都市的地下街，特别是因为有天然气、水道、电的配线管等结构，地震时被视为危险地带。但是，事实上地下街体本身的构造是完全安全的，而建筑师大多未说出这一事实来。闭目思考一下，地下空间因随大地一同运动，所以其自身不

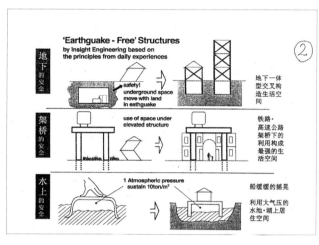

图2

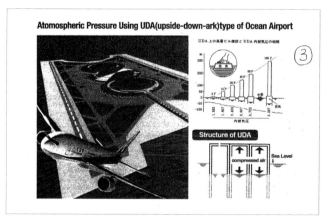

图3

发生变化，这一不言自明的现象应该可以直观感受到。也就是说，在地震时，再没有比地下空间更安全的场所了。在中国也是，如果将拥有4000年历史的窑洞反转应用到构造未来都市的话，即使在沙尘暴、雾霾时，也能在地下尽情享受购物，挖掘出来的土可以用利古法，形成各种山和湖等新景观。这样的构想使得"一石多鸟"成为可能。

二、对耐震最强的高架桥下空间的利用（图2）

城市内、城市间都有高速高架公路、铁路。高架是一根柱子的，会很不坚固，就像在电影中看到的1995年日本神户大地震中横倒的那样。即使是两根柱子，视觉上看起来也显得不坚固。

如果要把它们转化成地上最强的结构体，只要把古代都市的高架桥下自然产生的商业设施形态应用过来就可以了。事实上，神户大地震的时候，大半地上建筑物都受到严重损害，而高架桥下商店兼居住区的地方基本无大碍。原因就是给高架桥下的两根柱子聚集和附加了空间物，这样整体就形成复合性的辅助支撑。高架桥下空间变成地上最强的结构体。

三、利用空气压的耐震海上空间（图3）

我们都有这样的经验：小时候进澡堂的时候，把洗脸盆倒扣在水面上，即使用很大的力按压脸盆，也沉不下去。大家都能实际感受到进入脸盆内部的空气的阻力，那是一种每平方米10吨（10000kg）的强大阻力。（空气压10吨/平方米，这是学校没有教的。）以这种惊人的事实为原理，在海上设置"颠倒的方

舟"(UDA），那么就出现了在地震、海啸中能够保证
安全的空间。在 10 米见方的地方，用 30 米以上高的
钢筋制成，将很多无底组件连接起来，这样一来，机场、
城市甚至可能成为安全的原子力设备。（如果有大面
积土地的家庭，在自家水池上建 UDA 房屋也很好。）
如果内部气压升高，还可能建 10 层、50 层甚至 100 层。

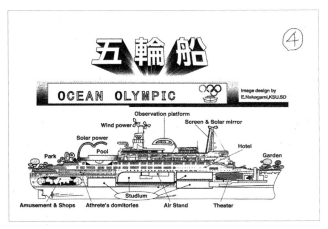

图 4

（附 1）今后中国开发宇宙空间，构想一下特别
是在月球表面上的生活空间，只需把气压原理和地下
空间组合在一起，就可能很容易地创造出经济的、力
学上的令人惊讶的空间。也就是说，想象一下，在月
球表面上，任何人都无需训练，不用穿气压服，就穿
着和地球上一样的衣服，能在 1 个标准大气压的环境
中生活，那么像以前那样科幻里出现的，浪漫的月球
表面建造物就不需要也不可能存在了。在没有空气的
月球表面上，设计和制作一个能装入 1 个标准大气压
的空气空间装置，这种装置是从内向外都能耐 $10t/m^2$
压力的超级坚固的结构体，这一点很有必要。如果这
个难题一解决，那么仅用地球上重力的 1/6，就可以
轻松挖掘月表地下。

图 5

四、海上奥运会（图 4）

2020 年东京将主办奥运会，其间如果偶然发生
大地震、大海啸的话该怎么办？为了充分应对这样的
事态，发散思维创造性想象，就出现了"五环船"这
样欢乐的设计。

即使是在日本东北大地震时大海啸的情况下，海
上的船舶也是安全的。从这件事来看，比如可以在被
称为"漂浮的都市"的超大型豪华客轮内部，用奥运
竞技设施来改造一番。改造后的豪华客轮拥有大型游

泳池、巨大的剧场、酒店、商场、娱乐设备等，具有能够支撑 5000 人享用 1 年的大部分城市功能。日本早在 1962 年为"国际模范城市"建造了一艘船，后来被改造成南美移民船"sakura maru"，可以活用这一实际成绩，进行面向奥运设施的大改造。同年建造的当时世界上最大的输油船"Nissho Maru"。以后把巨大的船舱拼装起来，这样的话，随时开办奥运会，就成为可能。

"租赁奥运船"：这些多样化且经独特改造过的"五环船"，比起来在陆地上的固定设施，成本会低很多。奥运闭幕后，如果形成向下届奥运会举办国租赁的系统，不论是发展中国家，还是海上小国，就都有可能举办奥运会。

作为"欢乐发明想象"的最后一个事例，在中国建设一个像迪斯尼乐园那样的"孙悟空乐园"怎么样？（图 5 ）

"全民设计"的具体手法

一、根据"平行斜投图"原理的空间设计

如前面所讲，人类为了新创造出未知事物，最初的重要想法是用"平行斜投图法"形成构思图。事实上这种手法在中国 2000 年来一直使用着，并拥有世界上最久的实际成果。典型事例即为中国科技文明的集大成之作《天工开物》。

三维立体空间物全部的外观构思，从制图上讲，就是在三面图里，首先示意正面、立面，即按比例尺把实际长度缩小画出实形，然后在一定的角度上平行

地、画出实长的纵深图形。只需这样绘图，就能实现自由自在的设计。另外，居住空间内部 (interior) 的设计（图 6 ），就可以把实际形状、实际尺寸用等比例画出图。这样，就与斜轴测图（Axonometric 图法以 20 世纪 80 年代时在意大利产生并影响全世界的"后现代设计"作为基本表现形式的绘图法）一样，成为让人们在短时间内获得悟性、很好地认识空间的表现手法，也是短时间内能够掌握的绘图法。

二、平面材质的设计原理

现代文明如前所述，主要是铁板、钢筋板、塑料、玻璃、木质板等构成或构筑的。如果把这个社会原理作为直接设计教育的基础来应用，即使是 10 岁小孩，用以下的简单技法，也能做出让现在的设计师、建筑师为之惊叹的作品。

使用材料：长方形制图用 / 印刷用纸、刻刀、胶水（黏合剂、黏着剂)

（一）"切断、组合方式的家具设计"。

（二）"刻、折方式的题材 (object)"。

（三）"数码 (digital) 折纸"。

第三种是笔者开发出来的，矩形里面刻上 90 度格子的线，折 90 度，没有面与面的接合，只有线与线、线与面的接合。可以说是数码、模拟复合能力培养的技法，更是一种针对未来"平面 (panel) 文明社会"原理的发明想象。（图 7、图 8 ）

（四）"1/2 体积的空间设计"（图 9 ）。

仍保留立方体的整体概念，但去掉其内部体积（容积）的一半，满足现实都市生活的条件进行设计，进而把它们组合起来，就会出现一种超越"后现代设计"的全新都市景观。

"平面文明社会"经过以上训练，能够体会到对地震原理中水平、垂直外力（荷重）抗震结构的感觉（或印象）。同时，结构从面面接合（铆接工法）到线线结合（熔接工法），也可以直观地看到科学技术的进化。

三、基于天体力学的设计原理

可以说汽车设计是立体设计最综合的领域，在汽车设计上，专业设计师们所拥有的大家都羡慕的流线型曲线绘图能力，虽说是有天赋和常年训练的成分，但笔者意识到那种草图大部分的线都不是圆的，而是椭圆的一部分与变形椭圆的组合。

由此突然联想到与宇宙中天体运动的类比。宇宙内 99% 以上的星际物质是在椭圆的轨道上运行的，行星绕着恒星在椭圆轨道上运动的情形，是到近日点速度快（越近近日点速度越快），远日点速度慢（越近远日点速度越慢），这是宇宙里最大的运动原理。把这个应用到画几何学里有两个焦点的椭圆图形上，近焦点的地方，画得快一些，焦点间的曲线则慢慢描，这样就能画出漂亮的椭圆形了。笔者注意到，当准备漂亮地画出椭圆的时候，手就不会像画正圆那样匀速运动，而是本能地快慢组合，画出椭圆。也就是说，人类的手，其自然力中就内藏了一半的天体运动性（规

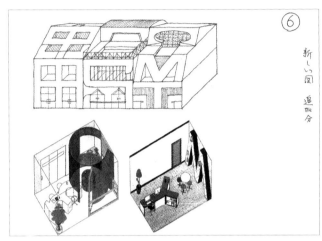

图 6

图 7

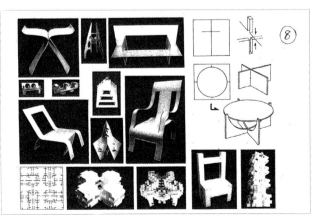

图 8

图 9

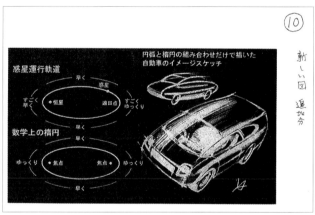

图 10

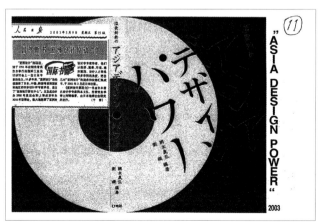

图 11

律）。因此，这种画图技法只要稍加练习，就犹如宇宙本能一下子苏醒了一样，能超越设计师，流畅地把图画出来了。如果使用这种画图术，任何人都能成为大部分曲面型工业产品的设计师。（图 10）

温故创新的亚洲设计·理想国

如以上所介绍的内容，人们在幼年时期就领会这些原理性的、用悟性（理解力）判断容易的手法。在青年时期选择专业领域之后，当有必要用造型设计来解决各专业领域里城市生活的诸多问题时，就要运用"全民设计"术。

也就是说，以前的建筑家、设计师做具体都市生活的设计，都是一种技艺，现在变成了任何人都能设计，进而也就意味着世界进入到了不需要建筑师、设计师的时代。

这并非职业上本末倒置的矛盾，而是把人们从西方文艺复兴以来被"万能的天才创造了人工（物质）世界"的束缚中解放出来，让"全民进行文明设计的新创想"这种真正的民主观念再次日常化。即使经过上万年，这也符合人类史的形成原理——"手工者"（homo-faber）原理（王道）。而"现代智人"（homo-sapiens）为了构建正常的未来社会，必须成为"创意人"（homo-faber + homo-sapiens）。那样的未来社会的形态，可被称为"生活的全民设计"？这也正是中国古代"温故知新"的未来版，是我所提倡的用"温故创新"的亚洲设计力来建造Utopia（理想国）的前提。（图 11）

（附2）亚洲型生态学文明的竹设计 (Bamboo Design)（图12、图13）

中国的竹产量占世界竹子总产量的80%。同样，笔者所住的九州大分县的竹产量占全日本竹子总产量的80%。

然而，不论古今，在中国日常见到竹子的应用，是建筑现场的脚手架，在日本（竹子的应用）也只到工艺品的程度。从西方工业革命开始，对钢铁、塑料等地壳资源的加工，产生了各种公害，我们不是要建成这样的都市，而是要用地表自生资源竹子来做那些铁板、钢筋板、塑料板的替代材，用无公害技术加工而成，创造出新型的保护地上生态环境的亚洲型生态城市(ECO CITY)。

图12

图13

居良善上：从手工艺开始

黄永松

《汉声》杂志社总策划及艺术指导、财团法人汉声文教基金会董事长

[摘要]

从一份条约、两本书、三个故事的发端，到《汉声》杂志促进"天工慈城"服务平台的建设，再到海外的"中国蓝印花布展"、2009 世界设计大会等设计盛事。本文的故事和案例，意在阐明善待我们的手工艺、重建民族文化自信的重要性和可行性。手艺是工业的基础，中国的传统手艺需要现代知识分子的协助、继承和发扬。工业设计更要扎根于传统手艺，进行产业升级，将中国的优质文化分享给全世界，达到"居良善上"的境界。

一、一份条约

18 世纪 60 年代，发端于棉纺织业的英国工业革命开始。西方资本主义国家携工业革命的雄风，蒸蒸日上。机器大工业逐渐代替了工厂手工业，工业产量急剧上升。

173 年前的 1840 年 6 月，为了打开中国的大门，掠夺工业生产的原材料，并向中国倾销工业产品，西方列强发动鸦片战争。两年后的 8 月，清政府在英军的炮口之下，被迫签订了丧权辱国的《南京条约》。条约规定中国割让香港，赔偿两千一百万银元，开放广州、厦门、福州、宁波、上海五个口岸城市对外通商等。中华民族百年屈辱、苦难的历程从此开始。炮舰下的鸦片贸易给中华民族带来了深重灾难和奇耻大辱。百余年间，遍地是罂粟，处处有烟民，白银外流，国力衰竭。曾经的"东方睡狮"，一度成为"东亚病夫"。中国社会发生了根本性的变化，自给自足的自然经济解体，逐渐成为资本主义世界的商品市场和原料供给地。中国从一个独立的封建国家变成一个半封建半殖民地国家。

173 年来，中华民族在不断奋进中由弱而强，但大多数人至今难以摆脱西方意识的笼罩，"外国月亮比较圆"的想法，是国人对民族文化的自信心低落不振之故。

二、两本书

西方渐渐强盛，源自一本书的影响；中国积弱积贫，却相系于另一本书的被冷落，亦为民族自信失落的根由。

（一）不同的命运

1637 年，欧洲近代哲学的奠基人、理性主义的肇始者笛卡尔，出版了《方法论》一书。这本书被认为是近代哲学的宣言书，树起了理性主义认识论的大旗。在这部书中，不但表述了科学思想和方法，还将其应用于具体学科的研究中。人们掌握了正确的理论思维，并转化为巨大的物质力量，科学理论和成就把人类带入了近代工业文明。从笛卡尔的理性主义开始，西方完成以科学实践为契机的产业技术革命，揭开了世界近代科技革命的光辉篇章，实现工业量产的整个配套进展，成就了今天所看到的西方世界。

同在 1637 年，中国江西宋应星的伟大著作《天工开物》出版，全书 18 卷，系统地记载了明代以前我国农业和手工业的生产技术与经验，内容丰富，文字简明，大量插图生动形象，是世界上第一部关于农业和手工业生产的综合性著作，被欧洲学者称为"技术的百科全书"。但是在"学而优则仕"的社会形态下，技术显然不是上品。知识分子把精力都用在经史集部上，轻视那些非常重要的实用科学，令《天工开物》这本集大成的技术创新著作命运多舛。由于清朝的文字狱，它在国内长期失传，只其中部分工艺散见于《古今图书集成》《授时通考》。直至20世纪20年代，才由有心人从日本传回。所幸，后人在宁波天一阁发现了明刊初刻本。

《方法论》与《天工开物》这两部东西方同时问世的重要作品，被后世关注的程度可谓天壤之别。也许这两本书的际遇之别，正体现了此后三百年中逐步完成产业革命的西方，与固步自封的东方古国之间巨大的差异，折射出中国和西方在工业化进程中天差地别的命运之路。

（二）《天工开物》的海外影响

虽然在国内三百年里都没有引起足够重视，但早在17世纪末，《天工开物》就传到了日本，和我国另外一本目前所见年代最早的手工业技术文献《考工记》，一同作为日本生产技术的基础图书，在日本各藩的"殖产兴业"中被奉为指南，广泛运用。在此之前，日本对于中国的贸易大量逆差。日本人往往苦于自身工艺技术的落后，无法生产和中国货媲美的产品。得到《天工开物》，他们如获至宝，因为书中将很多中国产品的制造秘诀写得一清二楚。随着工艺技术的提高，日本终于逐步脱离了对中国产品的依赖。可以说，《天工开物》为后来江户时代的日本手工技术崛起作出了不可忽视的贡献。

两百年后，1837年，法国汉学家儒莲把《天工开物·乃服》的蚕桑部分，加上《授时通考》的"蚕桑篇"，译成了法文，并以《蚕桑辑要》的书名刊载，引

轰动欧洲，当年就译成了意大利文和德文，第二年又转译成了英文和俄文。当时欧洲的蚕桑技术已有了一定发展，但因防治蚕病的经验不足等导致生丝大量减产。《天工开物》提供了一整套关于养蚕、防治蚕病的完整经验，对欧洲蚕丝业产生了很大的影响。著名进化论学者达尔文阅读之后，惊叹为"权威性著作"，并将中国养蚕技术中的有关内容作为人工选择、生物进化的一个重要例证。

如今，《天工开物》已成为世界著名的科学技术史的经典著作流传各国。英国学者李约瑟（Joseph Needham）称宋应星为"中国的阿格里科拉"（欧洲古代论述矿冶技术名著《论冶金》的作者）和"中国的狄德罗"（18世纪法国启蒙学者）。日本学者薮内清也认为宋应星的书足可与狄德罗主编的《百科全书》匹敌。

（三）天人合一

宋应星用"天工开物"来概括他的科学技术观和天人合一的东方科学哲学观。"天工"，即巧用自然之力，"开物"，即创造出人工之物，其中思想的丰富内容并不限于上述字面意义，更有广泛的内涵。在人与自然界、人力与自然力的相互关系中，宋应星强调二者之间的配合与协调，但在"开物"的过程中则强调人的主观能动性，因为人能通过技术和技巧自觉地作用于自然，并使自然力与人力相协调。宋应星也常对自然界给予人的恩惠加以赞赞，因大自然施惠于人，提供各种有用的天然物产，满足人的生活生产需要。万物"巧生以待"，但必须合用人力与自然力二者来开发。《天工开物》从这个角度来看待我们的手工艺跟手工业。

站在今人的立场，我们知道，是工业革命的发展、航海技术进步为西方国家扩展殖民地提供了充分条件，令资本主义世界获得快速发展，但也导致消费主义风潮日盛一日。随之而来的，是地球资源的日益稀缺以及环境污染问题凸显，经济繁荣、物质生产丰盛，却犹自难以摆脱经济危机、金融风暴的袭击，自由主义经济模式、大工业化生产正面临着临界点，越来越受到今人的质疑与反思。

古老中国百年以来一直试图学习西方，但反观民族自身深厚的文化积淀，从中获得精神和思想的养分，似乎更为重要。在中国开始急速成长为"世界工厂"的今天，《天工开物》穿越了近四百年的时空，其所体现的东方自然观和技术观（一切创造均源于自然之力，技术就存在于顺应自然力的创造之中），应该再次引起我们的重视与反思，从而努力扭转今日全球的困境。

三、三个故事

（一）台北·油纸伞

我和志同道合的朋友，在 1970 年春成立了"汉声文化公司"，以整理"中华传统民间文化"为职志，在抢救"民间传统工艺"项目，我们用心用力尤多，四十年来如一日。

1976 年第 4 期的英文版《汉声》报道了美浓油纸伞工艺调查（图 1），古老的制伞技术引起了广泛注意。一个受 IBM 公司文化基金资助的美国年轻人来到台湾，找到《汉声》，要求驻访美浓，专习当地的制伞技术，并撰写研究报告。IBM 怎么跟油纸伞

图 1　英文版《汉声》第 57 期封面

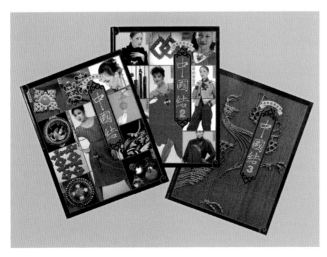

图 2　汉声出版《中国结》

联系起来？他告诉我们，IBM 虽是精密高科技企业，却最注重手工艺，所以派专家学者把美国的手工艺全部都调查清楚，现在要走出美国的本土以外，把全人类的手工艺记录下来。

（二）慕尼黑·中国结

1981 年，汉声出版《中国结》（图 2），随后翻译为英文版与德文版（图 3）。德文版即将付梓之际，汉声编辑赴德国进行编辑间的磋商。汉声提出希望德文版能附上在德国购买各种手工线绳的商店地址。德方编辑却认为不需要，因为德国到处都有手工艺店，要买线材是非常容易的。晚餐时，德方总编辑和汉声编辑半开玩笑，但又很正式地说，中国的历史悠久，手工艺一定非常多，不止有中国结，但是像中国结这样好好整理的不多，汉声应该继续整理好其他各种手工艺。他指着编辑身上的莱卡相机说，这是德国人发明、制作的相机。他问，汉声是搞出版的，印刷机是不是用海德堡？那也是德国人发明的。又问，你们也有很多人开德国的奔驰车吧？随之，他笑容一收，郑重地说，德国的工业为什么这么好？就是因为德国注重手工艺。一个民族，只要手工艺好，它的手工业就会好；手工业好，轻工业就会好；轻工业好，重工业就会好；重工业好，精密工业就会好。他又说，中国替欧美、日本做很多代加工的事情，要知道，如果没有自己的品牌，没有自己的设计，替人家代工，就只能收取微不足道的利润。随之，他指出一件更可怕的事——很多工业制造材料是有剧毒的，那些毒都排流在中国的土地上……这番话不啻于醍醐灌顶，发人深省。

图 3 《中国结》（德文版）

图 4　竹刀木蜡制作

图 5　2002 年贵州瑶族蜡染采访 102 岁的曾祖母

在全社会专业化分工驱动下，我们的工业一直以 OEM 的方式给西方人"打工"，赚取最微薄的利润，忍受最严重的污染。缺乏手工艺基础，工业技术就没有办法积累，没法发展自己的精密高科技，更没有自己的创新和创意，必须接过人家不愿意要的污染工业。

要想超过西方，我们必须找回手艺精神。

（三）贵州·蜡染

2002 年 10 月，在调查贵州蜡染工艺的时候，汉声得到一个线索，关于失传的蜡染"竹刀木蜡"技艺，即瑶族以古老的工艺在布上点蜡花。竹刀是铜刀普及之前的工具，枫木蜡是蜂蜡应用前的防染材料，今天在黔东南瑶族寨子还在使用。（图 4）

当时汉声在台北筹备一个蜡染的展览，没有竹刀木蜡的产品。陪我们前去的贵州朋友很快在村里找了一个瑶族青年朋友，到他的曾祖母家去取了一件"竹刀木蜡"制成的围裙。我们付了钱拿上布准备要上车走的时候，老太太冲着我们跑过来，102 岁的老人家要把笔者手上拿的这一块围裙抢回去。她的曾孙又将这块围裙拿回来，曾祖母再次冲过来抢回去。看起来她肯定不愿卖，我们遂决定放弃。

感人的事发生了，倔强的曾祖母第三回走过来，和善地亲自送来这件围裙。围裙缺了一个角，这是怎么了？她的曾孙告诉我们，曾祖母已经 102 岁了，这件是老人家 90 岁时绘制的。他转告其曾祖母的话说："剪下一块，把灵魂留下来，其余身体给你。"（图 5）

手工造物者之于造物的感情，令人感动。

四、天工慈城

一份条约、两本书、三个故事，让汉声更加意识到民族手工艺的重要性，从而愿意去到宁波慈城促成"天工慈城"的建设。宁波是制造业的基地，长期为全球精密产品生产代工，造就了强大的工业制造力，但是缺乏设计能力。优良的工业设计是现代工业文明的灵魂，是制造业在激烈竞争时代制胜的法宝。长期代工，造成宁波制造业的同质化竞争激烈，其产业优势渐渐失去。用工业设计提升宁波制造业的竞争力迫在眉睫。

在宁波政商界有识之士和汉声的共同推动下，"天工慈城"立足于民族文化的深厚底蕴，以善用慈城古县城独特的历史资源，联结小区良质永续发展为基础，努力复兴手工艺，并在手工艺和现代产业的沟壑之间架设起桥梁，培育设计能力，学习那些在现代化大工业的蓬勃景象中被日渐边缘化的大巧之艺，寻找创意丰沛的源头。

"天工慈城"试图努力提供一个可持续的整合资源的服务平台，通过邀请各项民间传统手工艺师、推动教学研习以及手工艺学术讨论，建立手工博物馆。教学相长的同时，让传统手工艺师获得自身修行的精进，凸显手工文化的生机，也让设计者能够承先启后、温故知新、选择参与，更培育出强大的创意设计能力；为手工艺以及相关制造产业的发展提供服务，从而建立文化创意产业的垂直整合序列；成立各种手工艺行业的配套设施；推出全国第一个以手工体验为主题的深度旅游，并以此推动地方经济良性永续发展。

手工艺本是为了生活所需而进行。虽然大工业改变了生活，但今人更需要因此而善用手工艺，以手工

创造的精神内涵与造物哲学弥补大工业生产为世界带来的破坏。留住老手艺，精进设计能力，未来的"天工慈城"将是一个深具文化积淀的工具与工艺之城、设计与创意之城、产业制造与营销之城。

五、文化·创意·产业的实践

（一）文化 1：母亲的艺术六展

慈城，是慈爱之城，也是慈孝之城。2009 年 10 月 26 日，农历九月初九重阳日，宁波慈城古县城的冯岳彩绘台门举行了为期两年的"母亲的艺术"展览开幕仪式（图 6）。作为首届"中华慈孝节"的重要活动内容之一，这次的展览涵盖了国际级华人工艺大师们的精心之作，包括六个主题：1. 陈曹倩·中国女红馆（图 7）；2. 陈夏生·中国结馆；3. 粘碧华·中国刺绣馆；4. 吴元新·蓝印花布馆（图 8）；5. 纺织馆（图 9）；6. 汉声·母亲剪纸馆。

"慈母手中线，游子身上衣。"孟郊的《游子吟》传唱千古，每一个时代的母亲以其辛勤和智慧传达慈爱之心，默默推动着华夏文明的前进。源自人类手工文明的发端，母亲的艺术内涵丰富，充满生命热忱，毫无功利意图，是民族文化的"母型"，也是机械复制时代的今天，我们最亟待守望的资产。

此次展出具有四大特色：大师报到、图解技法、创新应用以及 DIY 动手做。慈城人杰地灵，吸引国际级工艺大师齐聚一堂，这是空前的盛会。陈曹倩呼吁母亲们重拾针线，陈夏生推动中国结，粘碧华整理刺绣针法百种，吴元新是国家级蓝印花布工艺大师。大师们一一追溯编、绣、拼、剪、织、染等传统技艺的历史渊源，并对工艺技法进行归纳和图解，正视历代

图 6　母亲的艺术展布展

图 7　中国女红馆

图 8　蓝印花布馆再现室外晾布

图 9　老艺人在纺织馆演示拉经线

母亲艺术的丰富性和科学性，更以创作传达各自面对现代生活的慧思。

文化 2：天工慈城工艺五展

2010 年汉声推出"天工慈城工艺五展"，这是继"母亲艺术六展"之后，又一重要的"动手做"工艺大展；有别于母亲的艺术，这是父兄的作坊工艺，包括泥文化、木文化、布文化（图 10–12）。中华手工艺涵盖衣食住行各方面，人们依循天时，就地取材，以精湛的手工做出朴素的实用物品，其中蕴含生活智慧及审美观念，也反映当时的社会礼仪。工艺五展包括产自泥土的惠山泥人、宜兴紫砂壶、景德镇青花瓷，来自木料的坐具文化，以及源于布料、展现布艺和穿衣时尚的例外服饰。每个主题介绍从历史发展、工艺制作，以至今日创新的反思，提供大家详细认识各项手工艺。中国工艺自古以土和木为主，青花瓷具蓝白之美，泥人反映中国人造型，紫砂壶悠远宁静，椅子可见木工绝技及传统养生哲学；而源自主题特点的展场设计，巧妙各有不同，十分令人惊艳。

此时此际，在宁波慈城推动工艺大展别具深意：由中华民族悠久的文化中，整理深厚的工艺智慧，展出并研究以构成完整的知识；如此可让老手艺与新创意，让工艺大师与设计新人在慈城交流。而慈城周边的宁波及长三角的制造业，可来学习传统的工艺知识，并分享民族新风格的设计成果。

汉声推动这两项共十一展，在慈城持续长期展出，试图以令人耳目一新的设计来表现传统手工艺，唤起现代人沉睡的历史记忆，连缀起传统文化与现代文明的沟壑，也努力架设从文化基石设计、创意到民族产业发展之间的通途。

（二）创意·为多数人设计

　　与"母亲的艺术"展览的同时，慈城太阳殿路22号和24号展开了为期两年的"为多数人设计——中美学生设计作品联展"。复旦大学上海视觉艺术学院跨国、跨文化、跨校与美国加州圣荷西州立大学远距同步教学，在国际交流平台的基础上，开设了《为多数人作设计》课程。此次展览是此项课程中美学生的设计元素作业及成果，旨在以低成本的产品或服务，帮助低收入个人或家庭摆脱穷困，并且可以评估其效益的设计。售价以不超过联合国赤贫标准，个人每日所得不及1美元者3—6个月的收入为上限（90—180美元），平均不得超过30—90美元(204—612人民币)。

　　在与"母亲的艺术"展的互动下，未来的设计师们，中方的学生关照皖南农村老百姓的生活，美方学生则关照非洲加麦隆（Cameroon）的Lebialem村落。在仅有的12周时间内，他们做了设计议题的探讨。设计作品虽不尽完善，但却面向未来，为不发达地区的弱势群体进行设计，代表年青一代的东、西方设计者共同的社会关怀。

　　近三十余年来，欧美社会的有识之士一直有一个觉醒：二战以降，有95%的设计都是为了欧美的经济发达社会服务。设计是帮助使用者解决问题的行业，不应该仅替大企业增加市场占有率，不应该仅为设计师、设计学院赢得设计大奖。工业设计如何为全球大多数人服务，使设计真正起到作用，已成为设计界所面临的重要议题。面对社会的快速变化，坚持"人性化"的设计观念就显得很关键。设计要关注时代，注意设计与环境的关系，一方面要充分考虑设计给大自然带来的影响，保证设计的发展是在可持续的原则下

图10　景德镇青花瓷展外观

图11　宜兴紫砂茶壶展场外观

图12　坐具文化展内部

图 13　首届中国手工 DIY 产业博览会在慈城开幕

进行的；另一方面，设计也要注重与社会环境的和谐，在物质功能得到满足的同时，关注人的心理等深层次的需要及弱势群体的需要，积极创造适合他们的设计产品。

可以说，"致用利人"的思潮在明代就已形成，"天工开物"的作者宋应星强调以民生日用为技艺的第一要素，这种重视民生日用和物品功能的思想正是艺术设计的出发点。王阳明的弟子王艮也提出"百姓日用即道"，这一命题直指圣人之道就在日常之中，百姓的日常生活所用就隐含着"道"。人的生存之道，就是解决问题，能够很好地活下去。这里所谓的"道"，正是从事工业设计的设计家应该追求的。良质产业的设计是真正解决生活问题的，不哗众取宠，要因地制宜，因人而异，因时适用。回到简朴，回到原初，去解决百姓生活中的问题，也就是为多数人设计。

（三）产业·手工 DIY 博览会

文化与创意设计最终要落实到产业，才能真正实现对手工艺产业乃至整个制造业的垂直整合。与"母亲的艺术"展览同时进行的，还有慈城老城隍庙里举办的"首届中国手工 DIY 产业博览会"（图 13）。展区面积达 2 万平方米，吸引了来自德国、美国、韩国等国家和上海、广东等地的六十多家企业参展，包括德国 PRYM 手工工具、美国胜家缝纫机与拼布、德国百福缝纫机与土织布、韩国晶室拼布、上海富士克制线与喜乐多拼布、上海艺棉拼布教室、上海宝隆纸艺、唐人坊娃娃、台湾羽织创意、台中嘉利串珠及 DIY 材料、北京木工房等。他们带来了充满现代生活理念的设计产品，并积极参与主办单位召开的论坛对话。在不久的将来，这些企业将形成产业共同体，带动设计，向传统手工艺学习，成为天工之城文化创意产业集群的重要力量。

手工 DIY 博览会通过留住老手艺，实现向文化传统的学习与反思，并立足于民族文化之上，为有需要者、为各行各业进行创意设计，形成每一种工艺项目文化、创意、产业的垂直整合，推动传统手工艺从传承到复兴，能展现丰厚的文化底蕴，更培育出强大的创意能力，为地方产业设计，为宁波乃至整个长三角地区巨大的隐形产业网络服务，使其产品的内容由国际代工走向自创品牌，实践产业报国之理想。

（四）活动·传播理念

2009 年 12 月令人振奋的消息传来：慈城古县城建筑群荣获联合国教科文组织颁发的"亚太地区文化遗产保护奖"（图 14），肯定慈城长期修护古迹的方向；2010 年 4 月，英国 BBC 及北京新影厂纷纷关注慈城的发展，前来拍摄"文化、创意、产业"垂直整合之下的成果。英国电视台在全球选出 18 处文化保存的地点，派遣记者以"传承的英雄"为题来报道慈城，同年 7 月在全球播出。

2010 年 11 月，一项别开生面的春装发表会更把古城带入空前的热闹景况：中国服装名牌"例外"和国际品牌"无用"来到慈城，将沿着太湖路 128 米长的古老城墙，作为 2011 年春装发表会的走秀长道。那天晚上，54 位模特儿每人三件春装走秀，一时斑驳古墙与时尚服装之间，动静合一，真是美不胜收。（图 15）同天上午，"例外"策划的"中国服饰百年文化展馆"启动开幕，下午"生活美学讲堂"开讲，全场欢笑之声不绝于耳，不少"例外"的全国经销商也参与其中。

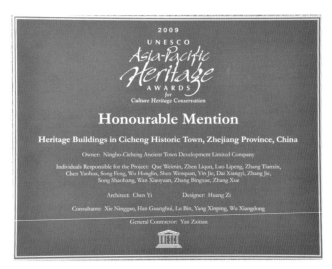

图 14　宁波慈城获"亚太地区文化遗产保护奖"

图 15　"例外"在慈城的老街道走秀

图16　在美国举办蓝印花布展

图17　2010年秋节展海报

六、善待手艺·跨文化的共识

国内盛况之时，2009年10月10日，由慈城古县城保护与开发管理委员会及其下属天工之城公司主办、《汉声》杂志承办的"中国蓝印花布"展览，在美国Quilts, Inc.举办的"休斯敦国际拼布节"中热烈开幕。（图16）在参会的诸多展览之中，"中国蓝印花布"以匠心独运的浆染工艺、美不胜收的蓝白花纹、寄情深远的美好意涵，让展览主办单位和前来观展的游客对这种来自古老东方的工艺美术赞叹不已。许多友人主动帮助我们布展。八天的展览之后，撤展之时，吉祥字样和纹样都成为大家主动索取的宝贝，要拿回去装饰自己的家，同时不忘要汉声的工作人员提供纹样意涵的详细说明，令人殊为感动。瑞士、荷兰、法国的参展者纷纷前来邀展，甚至已经开始动手测量展场布局。自明清直到上世纪中期，蓝印花布曾是中国百姓日用的寻常之物；今天回望，那些来自百姓生活创造的美感、意涵、技法仍深深打动我们，也打动初次见识到它们，拥有先进工艺技术的外国友人。

2009年10月24日至30日，被誉为"设计界的奥林匹克"的ICOGRADA2009世界设计大会在北京举行，来自百余个国家和地区的千余名设计师、知名学者以及数十家企业、协会和机构参与其中，共举办了五场大型国际总论坛、百场分论坛，共商推动经济发展，创造社会价值的创意产业大计。应大会之邀，慈城系列展馆开幕之后，笔者赶回北京，为大会做了《文化创意产业在慈城》的演讲，并作为嘉宾参加随后的欧、美、中、印四方对谈，并面对全体参会者的问答。从汉声本身作为文化创意产业的实践谈起，详述了与慈城合作进行垂直整合的一系列工作，引起与会设计师们的巨大兴趣，大家关注的焦点在于如何

从精美、丰厚的民族文化中汲取营养，并推动之，使
经由创意设计走向产业的垂直整合能持续不断发展。
在全球金融危机的背景下，首次在中国北京召开的世
界设计大会，有意识地以文化创意产业为主题，或将
为中国制造业带来新的契机。

图18　宁波年糕馆内部

金秋送爽，更增喜闻。2009年10月北京举办的
第七届全国书籍设计艺术展评选中，汉声出品的简体
版《蜡染》被评为最佳作品，《宁波年糕》、《梅县三村》
被评为优秀作品。得奖事小，意义深远，三本书分别
涉及生活中最重要的衣、食、住三方面，都是今日最
亟待保护的民族传统文化，汉声详细记录、深度报道
其中文化背景与技艺。这三本书的获奖，正是学术界、
设计界与出版界重视传统手工技艺的体现。

为民族文化"留住手艺"的积极意义在于：呼吁
现代知识分子，以已有的现代学识训练和积累的经验
协助老艺人。技近乎道，艺人是宝。传统手工艺师们
出神入化，不仅教会我们手艺，也不断修炼自身，获
得技艺的精进，将失传的手工业技艺一一整理，并加
以总结提升，获得制作的程序法则，然后再"出神"，
使技艺益发拓展，发扬光大于新的时代。工业设计既
立足于深厚的民族手工艺文化，受益于技术，进行研
发与布局设计，实现产业升级，推动民族产业从"制造"
走向"创造"的良质发展。

七、重建自信·居良善上

慈城而北京，中国而美国。在诸多友人相助之下，
除了前述"母亲的艺术"六览、属于父兄作坊的"工
艺五展"、"为多数人设计"中美联展、"中国蓝印花

布"休斯敦展之外，还有慈城城隍庙的岁时节庆展出（图17），包括年头到年尾的春节、端午、中秋、重阳等节日，以及宁波年糕特展（图18）。

特别值得一提的是10月刚开展的"慈城故乡图"展。离乡70年，现居美国年过九旬的慈城老人郑雷孙，绘了一幅长180厘米、高240厘米的《旧时故乡图》，详尽1938年秋天儿时记忆中的慈城之美。理工科出身的老人自幼也爱绘画，他以此表达思乡之情，也重现了老慈城当年的建筑古迹、河道桥梁、市井街肆，这是他留给慈城的一笔宝贵的精神财富，可作为传家之宝，让慈城子弟一睹故乡的旧时风情。

五年来，在慈开公司主持下，汉声策划、推动、成立了十六个展馆，不仅持续展出而且举办活动吸引全国传媒大篇幅报道，也为笔者在北京的世界设计大会和慈城的文化创意论坛的演讲提供了鲜活的材料，带动更多高瞻远瞩的专家学者深入了解传统手工艺，勇于面对创意产业之路的挑战，重建民族文化的自信。

手艺好，然后工业好。不只迎头赶上，后来要居上，更要居良善上，将中国的优质文化分享给全人类，重振173年来一度丧失的民族自信心。中国虽没有成为产业革命的发源地，但未来却必然成为世人瞩目的文化创意产业大国，因为我们有五千年丰美醇厚的文明传统。

有中国人参与的文化，才是完整的世界文化。

"新三农、大设计"

娄永琪

同济大学设计创意学院院长、教授

[摘要]

"三农"问题，是当下中国设计界的一个大话题。在城乡发展极不平衡的今天，解决"三农"问题不仅是设计师的使命、社会平衡发展的需求、设计可有作为的宝贵机会，更是对我们能否改善城乡关系，改变固有思维定势的考验。在城市化进程中，仍然站在城市人的角度去思考问题显然已经过时，一种新兴的农村发展策略和模式正在逐步崛起。同济大学的"设计丰收"项目是一个典型的案例，它包含人类学的工作方法，紧扣乡村价值，建立乡村资源链接，形成可以支持各种改变的"在地"的创新中心。通过与农民合作，这个项目已经部分实现了"新三农"经营模式，并逐步向城市拓展。我们相信，只有从少数人的创新走向社会创新的"大设计"，我们才能真正赢得这场可持续发展的胜利。

中国的城市化早已经不仅仅是中国的事情，而是 21 世纪世界转型的两大主要动力之一。与城市化如影随形而来的是乡村的发展，中国人都喜欢讲阴阳，城市和乡村，在中国传统的视角里，就如阴阳一般，相生相克。在中国的历史视野里，城和乡共同构成了中国经济、社会和文化的整体。

现在乡村的重要性被严重地忽略了。但即便如此，乡村还在发挥着战略性的作用。温铁军教授的《八次危机》这本书就讲了这个故事，他指出了建国后，中国经历了八次危机，如果任何一次危机硬着陆，中国的社会经济就有崩盘的危险，但正是因为有城乡这种二元结构的存在，通过城市经济危机向乡村的转移，这八次危机都实现了软着陆。

那么为什么说设计学院要关注"三农"呢？首先，关注"三农"这样的大问题，并为之寻求解决策略，这是知识分子的使命。什么是设计师？可以有无数的定义，但是我认为设计师最基本的角色就是知识分子。设计师是一类拥有特殊的知识、技能、思维方式的知识分子。知识分子，在中国历史上被叫做士人阶层，不仅仅是指有知识的人，更是指有社会担当的

人。以天下为己任，这个世界的事情是你的事情，你的知识是为了创造更好的社会服务的。如果忘记了这一点，是做不成一个负责任的设计师的，这是第一点。

第二点，关注城乡，实际上是一个价值观的问题。在历史上，我们对品质的定义和现在是不一样的，相对于历史，现在我们对于品质的定义是如此贫瘠。在主流的梦想里，几乎没有乡村的位置。经过改革开放后几十年的发展，中国的经济得到了快速的发展，但在中国城乡这个问题上，平衡发展没有做好。如果把人聚形态从大都市到乡村分为从超大到大到中到小到超小的层级，过去太多的关注和精力都放在了超大和大这个层面上，也就是规模效应；而对小、超小的层次的关注严重不足，这也是城市发展越来越快，而乡村问题越来越多的原因。

设计要关注"三农"，还有第三个重要原因，就是"三农"问题的解决需要设计。我们国家现在处在发展中的状态，背后到底有没有预示着一些新的可能性。最近这几年我一直在讲中国"发展中"的状态是中国当前最宝贵的机会，发展意味着背后有能量，背后的能量能够推动社会和经济的改变。这个窗口期很

珍贵，因为发展中的状态不可能永远存在下去，如果我们现在的社会经济要变化，比如朝可持续发展的方向转型，怎么来发展好背后的能量很关键。

回到设计与"三农"，为什么我们讨论"三农"问题的同时需要讨论设计？之前设计更多地是讲造物设计，而现在讨论的设计，已经远远超过物质的层面。设计变大了，设计也变模糊了。下面是两个经常被引用的设计定义，约翰·赫斯科特（John Heskett）用近乎拗口的话说："设计是一个设计一个可以产生一个设计的设计"。赫伯特·西蒙（Herbert Simon）则说："设计是通过一系列的行为把现在的状况变得更好。"这与中国历史上对设计的理解不无巧合。在中国，"设计"这个词是一个军事词语，"设计"就是设定一个战略，需要目标设定和过程指导，它背后是整个过程的设计。在这里，设计主要起四个作用，第一解决问题，第二创造感觉，第三新增价值，第四可能提供一种思维和工作方式。如果我们说这是设计，我们讨论"三农"问题，需不需要设计的帮助？

对设计来说，哪里有问题，哪里就需要设计。如果设计是像西蒙说的那样把现在的状态往更好的方向引导，去变化，那么现在我们"三农"有问题了，我们就需要设计。只不过，我们需要的设计，不仅仅是小创意，而是能实现社会经济改变"大设计"。也就是要在创意身上插上两个翅膀，一个是商业，一个是科技，两个翅膀插上之后，创意就可以走出房间，对社会和经济产生影响。这样，创意就变成了创新。如果现在社会不够可持续，我们要做改变，这种改变就是一个设计过程。

那么在城乡问题上，设计可以做什么？我想首先要重新思考城乡关系。重新思考，并不等同于简单地反对城市化。反思是为了讨论还可以有什么可能性。除了城市化模式之外，中国的发展还有没有其他的选择？事实上，"三农"问题中很多理所当然的思维是值得反思的。比如说大家在讨论，我们农业现代化之后，粮食生产不需要这么多农民，剩余下来的劳动力干什么？进城！城里面需要农民工。这个逻辑简单而清晰。但是大家仔细想想，是不是太简单了？这里有太多的事经不起推敲。这背后的城市本位的价值观更是可怕。农民、农业、农村，其价值就是有用，为什么有用？因为我们需要粮食和劳动力。这完全是站在城市人的角度去思考问题的方式。即便我们只讨论经济问题，难道农业的价值就是这些粮食吗？难道农民的价值就是种粮食和造房子吗？这么多城市的家长都会说，真想让孩子了解农村的知识和大自然，这么多的都市人都在向往田园生活，难道这些需求不能变成经济吗？我们的农业、农村应该有多种不同的发展模式，有多种可能性。

回过来说城乡关系，城市和乡村分别代表了两种不同的生产、生活方式，这两种生产和生活方式都有它的优点与缺点，至于说哪一个生产生活方式更适合你，你自己可以选择。但是，我们现在的问题是，目前这个选择有没有？如果没有，在顶层设计上我们就要重新思考这个问题，所以这是一个判断。

第二个判断，事实上现在不论城市问题也好，乡村问题也好，之所以有这么多的问题，是因为把城市和乡村割裂开来考虑。如果城市有一百个问题，乡村有一百个问题，加起来有两百个问题。如果把城市和乡村当成一个有机整体来考虑，很有可能很多城市的问题是乡村的资源和解决策略，这样一中和，很多的问题就迎刃而解了。所以我们的判断，也是一个设计挑战，怎么能够通过设计来推进城市和乡村的交互，这里包括人才、资金、知识、技能、就业岗位等。如果这样的交互可以实现，那么我相信一种新的可能性会产生，它不一定是现在所谓主流的城市单一化，也不是现在所谓新农村建设，而是一种更为积极的状态。

所以在六年前，我基于上述思路，创立了一个项目。我觉得需要找个地方，建一个团队，认认真真地琢磨琢磨，做些实践，事情就是这么简单。后来就有了现在的"设计丰收"项目。

从项目一开始，我就希望能够针对一个问题，搭建一个平台，让尽可能多的人参与到问题的解决进程中来。因此，我们在找研究基地的时候，希望这个地方靠近上海，又得有些国际知名度。当时，正好由于Arup的国际生态岛规划，崇明岛的东滩项目被炒得沸沸扬扬。一方面是崇明的知名度，另一方面我觉得东滩这种规划的方式未必就是崇明应该有的未来，于是我就锁定了崇明作为我们的研究背景。在具体选点的时候，我们希望这个点有一定的基础，但又不能太特殊，否则就可能不说明问题。最后我们选择了竖新镇的仙桥村，它在崇明的中间，交通上也不太方便，两头不靠。但我们觉得这个地方很好，有基础，也有挑战，如果能把仙桥做活了，就有代表性。我们希望站在自下而上的角度，利用社会创新的力量开放地去思考问题的解决。

第一个工作就是"发现潜力"。这是一个近乎民族志的人类学工作方式。我们强调不是带着已有的知识，或是基于已有的对于美好世界的理解，放到乡村去实现。现在新农村最大的问题就是自上而下的技术思维，所有的经验都是来自城市，而不是乡村的具体情境和居民的心态。我们不希望这样，我们提倡的是清空过去的经验，去寻找乡村的潜力在哪里。事实上很有可能问题的解决策略早就在这儿，只不过没有被认识到。

通过项目开始几年在仙桥村的田野工作，我们发现了很多有价值的点，这些都可以成为乡村改变的基点，比如当地的手工艺作坊、特色食品"崇明糕"的生产、土蜂蜜的养殖户、生猪的家庭养殖、老严的生态农场等。老贾也是我们在这个项目的调研过程中认识的，最终成为我们的合作伙伴。我们在项目的一开始，基于调研的成果，做了很多情景故事板，来思考乡村可能的改变。这是成本最低的对于可能的情景进行探讨的方式。并不需要投入大量的资源，造一个新农村样板再来看管不管用。情景故事板可以帮助我们思考如何对系统进行梳理，并可以成为一个有效的交流工具。

第二步，我们需要找到乡村的根本特征，也就是乡村之所以成为乡村的那个根本。乡村要有自己的价值主张。乡村和城市是不同的两个世界，各有各的优点，不能简单地用城市的标准来衡量乡村。乡村的经济和生活是其根本。乡村最重要的特征是农业，农业生产和价值的固有的思维方式完全是可以被打破的。农业的价值绝对不在于其直接产出，除了粮食、蔬菜有价值，乡村的知识、体验、风光、生态作用等都有价值。关键是怎么把这些价值通过设计体现出来。

第三个重要步骤是建立链接。这主要是指各个利益相关者的联系网络。乡村有资源，城市有需求，反之亦然。现在的问题是这些资源和需求没有实现对接。为乡村生产生活方式买单的大部分人应该来自城市。我们通过和 IDEO 公司开展消费者调研，发掘潜在城乡消费者的需求和城乡互动的商业模式。通过很多国际设计工作坊等活动，这个项目促成了一个包括设计院校、设计师、创业者等利益相关者在内的活跃的国际社区。在这个项目的进行过程中，我们和米兰理工大学等学校建立了 DESIS 国际社会创新和可持续设计联盟。"设计丰收"这个项目现在已经成为 DESIS 最有影响力的项目之一。同时，DESIS 国际知识社群成为利用国际设计院校资源推动社会创新的有力支撑。

通过这些网络，找到策略之后，我们还要利用有效手段加以推广。这个就不仅仅是物的设计的问题。目前，市场还是最有效的资源配置方式之一，因此商业模式设计成为推广普及有价值的社会创新机会点的主要工具。芬兰阿尔托大学、米兰理工大学、拜耳、IDEO 公司等都先后参加了这个过程。

以上的这几步工作，我们通过田野调查、设计工作坊、活动、研讨会等形式，差不多做了三年。通过对之前提出的解决策略的删选，我们决定在中国城乡推广一个创新中心网络。这些创新中心可以在城市，也可以在乡村。在社区里，每个创新中心都起到一个热点的作用。主要功能是支持城乡资源、人才、资本、就业、知识、服务的交换和互动。这些创新中心一般不需要大刀阔斧的建设，而是因地制宜，各具特色，小而互联。因此，我们将其称为针灸式的解决策略：

基于一个系统，通过对的点，也就是穴位，施以合适的刺激，它可以对肌体产生整体和长期的积极影响，这就是中国人的针灸和按摩。

我们希望在中国乡村基于某些基础，比如社区中心，建设若干相互联系的创新中心。这些创新中心有很多功能，它首先是一个社区中心，同时也可以成为一个创业者基地，成为一个知识的中心，成为各种各样的文化活动的中心，成为新的商业模式的展示中心，成为社区某些新兴服务的服务中心等。这些功能都可以叠加在这一个地方。如果每一个乡村和相应的城市都有这样的一个个各不相同且有相互支持的热点，它们相互之间紧密联系，这就形成了一个经络穴位的系统关系。它支撑乡村社区可能有的改变；同时也为愿意参与这些改变的人，比如是创业者提供支撑；同时又和城市的资源紧密连接在一起。这个创新中心，既可以在乡村，也可以在城市；既可以是实体的，也可以是虚拟的。创新中心可能有个物理的线下场所在那儿，可能有文化或者社区中心、服务中心的功能，同时又是基于物联网和互联网的线上系统。互联网和物联网的普及，保证了乡村的信息、地理等问题不再是问题。通过网站等数字平台、社交媒体、移动应用 APP 等，它可以实现当地资源和消费者、创业者随时随地的连接，很多全新的商业模式可以被开发出来。

我们希望在这样一个乡村创新中心，可以支持各种各样可能的乡村改变，比如社区支持农业、创意农业、社区中心、乡村体验、虚拟的网上耕地租赁、食品流通网络等，模式有很多的可能性。当然创新中心本身也可以是一个创业中心，要有自己的商业模式。在这几年的工作中，一直是和村里居民和各个利益相关者一起工作的。尽可能地把他们的想法融入进来，同时使得村民成为创新服务的提供者或受益者。

我们的设计从产品到服务到品牌战略，但最重要的是沟通的设计和交互的设计。产品服务体系设计在其中扮演了很重要的角色。每个产品服务体系设计，都是一个商业模式。通过一个良好的服务系统，推动信息流、物质流、资金流的流动，每个接触点都需要创造良好的体验。一开始，我们研究团队在仙桥村租了一小块地，和新农人老贾合作，建立联合品牌，开展自然农法，有了自己的产品。和普通农产品不同的是，我们希望通过设计增值，适应多元的市场需求，"设计丰收"大米通过淘宝等网络平台销售。我们改造乡村里的大棚，把其中一个做成搞活动的大棚，因为村里缺乏灵活开放的大空间，大棚这种形式既满足了需求，有别具风味。在大棚里，我们尝试设想各种不同的商业模式，我们做的这些都不是成熟的市场行为，更多的是一些潜在机会的探讨，包括乡村知识交换、培训、亲子、养老等，针对从儿童到青年到老年的各种不同的用户。大棚本身也是有产出的，按季节种植草莓等经济作物。从前年开始，我们改造了两个农民房。我们把其中一个命名为"田埂"，另外一个是三位青年设计师的尝试，名为"禾井"。它们的特点都是利用良好的设计，特别是一些接触点的设计，提升乡村生活的品质。除了实体平台，我们也建立一些数字平台，并不断测试这些平台是不是管用，是否可以很好地吸引消费者，可以在乡村体验更多的创意。同时，我们组织非常多的活动，这些活动都是测试商业模式，看城市里面的潜在的消费者是否愿意进来，他们以什么样的方式进来。这些活动都证明了这种潜在的需求是巨大的。

我们对城乡交互的工作开展，有这么一个计划，也就是在两条轴线限定的四个象限工作，一条轴线是城市和乡村，另一条轴线是虚拟和实体。我们是从乡村和实体这个象限开始的，接下来的计划是往其他几个象限拓展。特别是在利用网络技术和信息技术的服务开发和城市里的创新中心的建设。同时，我们也希望通过我们的努力，把更多的人吸引起来，让越来越多的设计院校可以加入到城乡互动和乡村改良的阵营里面来。我们这个团队最新的思考是怎么把乡村生产生活方式带到城市来。因为，只盯着乡村做，不会做活。前几年的思考都是把城市的资源带到乡村去，现在我们的思考是如何把乡村的资源带到城市去。目前计划的重点是城市农业和农产品流通服务，特别是城市农业，我们希望这种小而互联的农业生产，可以在观念、生活和经济上改变农业和城市之间的活动关系。

城乡交互这种社会变革的实现，需要依赖创意、创新和创业。但这种改变的最后成功，需要从少数人的创新到社会创新。我希望今天讲的这个有关"新三农"的"大设计"，要从个体的、专业的创意逐步通过社会创新走向大众的日常生活的创新，这也就是进入社会创新的轨道。只有从少数人的战争，转向一场"群众战争"，我们才能真正赢得这场可持续发展的胜利。

民族文化的重构与再生：
云南艺术学院设计学院"校地合作民族文化创意设计系列活动"的实践与思考

陈劲松

云南艺术学院设计学院院长、教授

[摘要]

在全球经济一体化，城市发展同质化的背景下，经济欠发达的区域其民族文化极可能沦为弱势生态文化，在物欲横流的商业经济浪潮中被边缘化、空壳化直至快速消亡。云南艺术学院设计学院在推动高等教育设计文化健康繁衍的同时，着力兼顾传承富有生命力的民族艺术活态样本，并以此为基础重构与再生符合现代社会生活方式的民族文化产品，用民族文化中孕育的智慧精神与血脉滋润可持续性发展的人与自然和谐共处的现代生态环境。

因工作及个人兴趣的使然，二十多年来笔者一直坚持在云南的田间地头、民族村寨行走，也因个人兴趣，游历了国内许多城市及多个国家与地区，这对于从事艺术设计教育的个人而言可谓是幸运的，但有了对比后发现最幸福的是生活在多元民族文化与丰富自然景象共生的七彩云南。在这种特殊环境下，感受自然、感悟人生、领悟民族文化中的超然智慧，明晰了生命的价值意义。

2009 年 6 月 5 日是地球环境日，法国导演扬恩·亚瑟耗用十五年时间筹制的纪录片《家园》在全球同步上映。该片以无可挑剔的视觉语言，以极具震撼力的时事给人类经济、科技高速发展下生态环境恶化的警示。《家园》中倡导的"责任、智慧、节制的生活"特别让人感动。更有意义的是影片告知我们，重要的不是已经消失的而是我们依然拥有的……我们都拥有改变世界的力量，我们还在等待什么？

的确，我们依托目前还拥有的，可以改变，而且必须有责任地去改变。设计教育行业同样如此，我们需要重塑有责任感的设计教育价值观———一种不乏创造力却更负责、更智慧的设计教育，一种适应时代要求的设计教育。

设计教育同质化与时代对多元文化需求的矛盾

设计的终极目的是实现健康、美好，实现可持续发展的社会环境，进一步实现生命的价值。从这个意义上讲，设计师是实践者，需要搭建链接人与物、人与环境之间的情感桥梁，以此产生服务设计的价值与影响。但现实是设计师过多扮演了社会中实现商品经济价值的部分，忽略与弱视了对文化传承及社会责任的担当。当然把这一责任的缺位仅追究于设计师是不客观的，因为我们的设计教育体系里缺失了这一课。

近十年中国设计类高等教育步入快速膨胀期，从 1984 年全国不足 20 所工艺美术类高校院系（艺术设计类专业的前身），到目前的近 2000 所高校设置有设计类专业，每年数十万设计类专业毕业生进入社会。在看似一片繁荣的景象背后，设计教育同质化，教学手段单一，专业定位相似，缺乏专业特色和服务社会的理论与实践能力等问题快速凸显。2012 年艺术设计专业因就业签约率不高被列入上海市的就业预警专业名单。面对设计类专业发展的机遇与挑战，关注特色、探寻设计人才培养模式的创新举措成为各高校必须解决的问题。

"一个人从孩子的时候开始，一直到生命的结束，他会不停地思考一个问题：我从哪里来？我是谁？我要到哪里去？同样，一个国家、一个民族也必须要回答这个问题，否则他就没有办法确定自己的身份和未来的发展方向。"面对设计教育人才培养，我们也应该回答这样的问题。在全球一体化的趋势中，如何使得我们的设计产品具有社会需求又有自身文化的特色品质；如何设计创意既有时代生活品位，又有传统文脉，与生态环境和谐发展共生的设计产品，已成为当代设计师不可回避的责任了。

设计教育是问题的源头。如何改变，如何定位，如何承接自己民族的文脉，如何担当社会责任，这是一个紧迫的课题。

少数民族文化的弱势影响与多元智慧的价值矛盾

就高新技术产业及经济指标等方面看，云南往往位居全国末端，但在自然生态环境、民族文化的活态样本上又是多姿多彩的，云南丰富的自然环境造就物种的多样性，孕育多彩的民族文化。不同的地域、族群、审美情趣、生产力、造物思想等方面的差异性形成各具特色的民族文化，这些多元的民族文化活态样本给世界呈现了五彩斑斓的民族艺术。

用科技与经济社会的指标去审视考量这些少数民

族文化，它或许是小众的、非先进性的，但是其存在的多元性价值以及基于生态环境的生存哲学和审美观所体现出来的正是人类文明最朴实、最具生命力的一部分。当我们的经济生活越接近高度物质技术化的时候，我们就更需要生命的多样性和文化的丰富性来维系人类精神的活化。

就时代发展而言，我们这一代人是幸运的，同时也是不幸的。幸运的是经济发展取得的成就让世界瞩目，不幸的是传统文化、民族文化在这一过程中遗失得太多，生态环境被破坏得太多。对物质与金钱过度追求让我们的躯体患上了文化的"败血症"，透支了子孙后代还应该享受的生态环境。

明代军事家、政治家、文学家刘伯温"江南千条水，云贵万重山，五百年后看，云贵赛江南"的预言，今天看来是一句充满玄机的睿智话语。但在全球经济一体化、城市发展同质化的背景下，经济欠发达的区域其民族文化极可能沦为一种弱势生态文化，在物欲横流的商业经济浪潮中被边缘化、空壳化直至快速消亡。

机遇与挑战往往是并存的。

立足区域资源优势凝练设计教育特色优势

是什么推动着时代和教育的改变？如果我们从社会可持续性发展的视角看，就能避免窘迫、急功近利的矛盾。

目前社会对具备高综合素养的设计人才需求是迫切的，同时对于设计方向的人才培养也是充满挑战与机遇的。国内高校设计专业都在探索特色化教学与人才培养模式的创新举措，但在实现设计人才培养与文化传承、服务地方文化建设等方面仍然是空白点和难点。

2004年云南艺术学院设计学院青年教师不满足于设计类专业毕业设计等实践教学环节课程仅仅依靠指导教师个人有限的设计创作经验给出的虚拟课题与教学指导的普遍现状，率先打破已成惯性的选题状态，对视觉传达方向的毕业设计实践教学课程进行改革探索，以"发现云南腾冲"为肇始，从田野到选题再到破题进行尝试。没有想到的是，在校内一个仅二十余人的小型主题毕业设计成果展吸引了不同目光的关注，而且发现政府相关职能部门对立足于地方文化资源、自然资源的设计创意需求竟是迫切的，让我们的师生始料不及的是毕业设计可以直接服务区域文化及产业经济的发展。赞誉与否定往往同时存在，在许多质疑声中，全面的毕业设计教学改革拉开序幕。2005年我院设计类专业不同专业方向的毕业班同学同赴云南大理历史文化名镇喜州，用脚步触及白族村寨及各种有特质的文化角落，实地勘测、访谈、笔录、求证，用田野调研的多维手段汲取其历史、建筑、服饰、工艺、民俗与宗教等方面留存的文化精髓，以专业视角发现当下社会所忽略的审美价值与文化精神内涵。毕业设计成果展得到大理政府相关职能部门的认同，受邀赴大理展览，接受公众的检验，好评如潮。

2006"创意富民"、2007"创意香格里拉·峨山"、2008"创意石林"、2009"创意鹤庆"、2010"创意瑞丽"、2011"创意个旧"、2012"创意寻甸"……每年确定一个云南省特色文化县市，与政府、企业、社会之间进行有机的联系协作，历时十年的校地合作创

意活动逐渐由纯粹的教学活动——毕业设计转型为以设计专业视野彰显地域文化、民族文化特色，凸显高等教育在创意产业方面对社会经济建设、文化建设的推动力，成为云南省设计专业服务社会特色教学活动的一张亮丽名片，成为云南省科学发展观的优秀案例。

分析和对比国内外同类艺术设计专业院系的教学方式、教学条件和区域环境等因素，云南艺术学院设计学院利用云南得天独厚的自然资源、多元的民族文化资源优势，发挥艺术院校学科门类齐全的综合优势，积极探索把民族文化传承与服务社会相结合的课程实践体系，以此促进设计人才的培养，这是有活力、有可持续性发展潜质的服务设计的特色体现。中央美院的许平教授对此给予较高的评价，"基于大地的设计实践活动"。

"校地合作民族文化创意设计系列活动"的国际化探索

云南艺术学院设计学院深入实践"政产学研用"教学改革模式，以民族文化传承为核心，以校地合作为基础，用特色教学改革为手段，在传承民族文化、带动企业发展、帮助地方文化产品转型及自我科研提升等方面取得了诸多成绩，同时也得到了社会的广大认可。站在人才培养的角度上看，"校地合作民族文化创意设计系列活动"切实将区域特色的文化、自然资源优势与设计创意方法有机结合，在传承特色民族文化的同时，打开一条创意产业人才培养的特色化之路。

2013年，校地合作民族文化创意设计活动得到云南省委宣传部及省文产办主要领导的关注及较高

评价，经过研究探讨确定了 2013 年开展"创意云南"活动。活动由云南省委宣传部主办，云南艺术学院承办。从这个意义上讲，"2013 创意云南"是我院在该活动模式上的整体升级，活动立足于云南丰富的自然资源优势和多彩的民族文化优势，用设计艺术的专业视角为"美丽云南"创意，并展示新的文化产品画卷。

文化传统是一个国家的灵魂，文化传统更应具有感召力和凝聚力。面对七彩云南的迷人优势，英国哈德斯菲尔德大学、英国谢菲尔德哈勒姆大学、泰国布拉法大学不约而同地加入到我们"创意云南"的活动阵营，让我们在传递云南多彩资源画卷的魅力之时也学习和借鉴不同国度的设计方法与思维模式。

"2013 创意云南"采用"1+4"的合作模式进行创意设计和展览策划，以云南艺术学院设计学院为主体，协同中央美术学院设计文化和政策研究所及三所国外大学的相关设计专业开展创意活动。中外师生对七彩云南展开了联合调研工作，不同的文化背景、不同的设计思考、不同的表现载体形成了多彩的设计文化产品。英国哈德斯菲尔德大学学生以云南彝族花腰村寨为文化载体的建筑设计因此获得近期英国皇家建筑设计银奖。2013 年 9 月在昆明国际会展中心近 7000 平米的展览空间展示了以"美丽云南"为主题的中外不同院校设计专业人才培养理念与教学方法交织汇合产生富有生命力、多元化、具国际化视野的创意作品，对云南文化创意产业引发新的推动力。

设计创意可以推进现代人生活方式的转变，可持续发展的生活方式又能促进设计创意的有序发展。作为培养艺术创意人才的高等艺术院校，必须走出象牙塔，主动承接文化传承与文化创新的责任义务，与社会可持续发展需求相结合，才会具有较强的适应力和无穷的生命力。

十年民族文化创意活动的总结思考

面对城市同质化、经济同质化、文化同质化的发展趋势，民族文化受到的关注对于经济的强势发展势头而言，其传承发展完全是弱势的、乏力的，其消亡的速度与经济发展的速度基本一致。然而，对"香格里拉"理想家园的不断寻找，又体现出人类对"和谐、自然、发展"的高度理性人文主题的普遍认同。

作为区域性地方高校的云南艺术学院设计学院在凸显特色化办学的指导思路下，设计类各专业立足云南丰富的自然资源与多民族的文化资源优势，在汲取民族文化的精髓后，以设计艺术语言活态诠释多元的民族文化，以设计创意手段不断重构并再生民族文化，以此凝练地方高校设计教育特色化和优化区域资源，在设计人才培养的路径中兼顾民族文化的健康繁衍。2004 年以"发现腾冲"为肇始到 2013 年的"创意云南"，历时十年的校地合作创意活动，我院师生用脚步触及云南有特质的自然及人文角落，用田野调研的务实手段汲取其有价值的精神文脉，用民族文化中孕育的智慧精神与血脉滋润并创作符合现代审美标准的设计作品。着力兼顾传承富有生命力的民族艺术活态样本，并以此为基础重构与再生符合现代社会生活方式的民族文化产品。

德国著名教育学家斯普朗格曾说过："教育的最终目的不是传授已有的东西，而是要把人的创造力量诱导出来，将生命感、价值感唤醒。"

在与丰富自然环境和谐共生的民族村寨里行走、调研，让我们感知生活与美的真正含义，在这样的过程中，我们的师生潜移默化地接受了民族文化的熏陶，学生们在对民族文化的体验、调研、认知的自主活动中，与自己设计创意的专业素养有机融合，自由地展示着自己的创意，让以民族文化为内涵的作品呈现出斑斓的、具有生命活力的个性色彩。

保存中的变化：
乡村文化遗产保护的思考

李光涵

全球文化遗产基金会中国项目主任

[摘要]

随着全球化与城镇化的快速推进，中国乡村的传统农耕文化受到了巨大的冲击，其发展模式也面临着复杂的变化。在面对乡村的建设开发和现代化转型的浪潮中，有必要针对拥有既定价值的历史传统村落制定出一套符合现实状况，同时又有可操作性以及前瞻性的乡村文化遗产保护理论和方法。这类复合型遗产本身就兼具物质与非物质、自然与营造、时间与空间、文化与社会结构等多面性元素的结合，在历史的演进中不断变化却又具有传承延续性，固有的"文物"保护理念显然已不敷适用。从政策管理机制到具体生活和生产方式以及营造环境的提升，各方面都需要在保护的基础上注入活化的设计引导和思考。我们应重新认识和界定乡村文化遗产的价值，除了物质表象的历史文化特征以外，如何辨识和延续其健康的自然变化规律，保存村落社区的生命力，以及传承其现代化的历史进程，是未来研究的重要方向。

中国的传统社会根基是由大部分小自耕农所组成的农业文明，它对于中国传统文化有着深刻的影响。如费孝通所言，"从基层上看去，中国社会是乡土性的。"[1] 作为一个有着几千年农业文明历史的农民大国，乡土文化可说是一种为最大多数人所创造以及服务的文化。这种文化植根于土地、取资于自然，对于其生活环境有着强烈的依赖性，一旦扎根，在常态下是不会有剧烈的迁移流动。因此相较于城市社会，尤其是那些地处偏远、对外交通联系不便的村落，更是具有浓厚的地域性文化特色。2011 年，中国城镇人口首次超过了农村人口，达到了 51.27%。人口结构重心所经历的根本性变化也昭示着中国乡村和其所承载的"基层乡土性"正面临着巨大的冲击。

一、乡土文化遗产保护概况

在新一轮农村建设和开发的热潮中，传统村落作为一种文化遗产类型，近年来逐渐得到重视。乡村文化遗产是指基于传统农业文化背景，在人类与自然长期共同作用下而形成的聚落型文化遗产，也是现在泛指的传统村落或古村落。本文所论的乡村文化遗产专指已被认定为含有既定历史、艺术以及其他复合性遗产价值，并且因此被列入具有法制或普适认可地位的文化遗产名录中的传统村落。这可以包括世界遗产备选名单、文物保护单位、历史文化名村、民族村寨等。基于现有管理体系的限制，这些保护认定的实施都各有局限，往往无法兼顾经济产业、建设和社区发展以及文物本体与非物质遗产保护等多层面的整体考量，甚至会出现管理职权交叉或从缺的情况。2012 年，住房城乡建设部、文化部、国家文物局、财政部等部门联合启动了中国传统村落的调查与认定，目前已分两批评出共 1561 个被列入中国传统村落保护名录的村落。尽管如此，这些名单中的村落只是全国现存村落总数量中的沧海一粟，而对于保护名录上列的村落能够享有什么样的具体法定地位、政策扶持和实质的保护措施，也不甚明确。

　　在现今中国的遗产保护语境下，对于村落保护的理论和方法还是停留于比较显见的物质层面，无法突破固有对文物本体的静态保护观念，因而出现了形式化保护和过度商业化等现象。很多时候，这些保护方法甚至是令人担心的——缺乏文化敏感的短期开发或扶贫项目因密集的基础建设骤然改变了村落的文化景观与文化体系，却没有重视建设一个富有生命力与健康自主发展的社区。[2]（图1）

图1　传统文化生态已被旅游开发改变的贵州西江千户苗寨。图为村内寨老为游客表演苗族民歌。

　　与此同时，在面临全球化和城镇化热潮的今日中国，对于传统和手工的追寻开始成为另一种反向潮流，并且逐渐将目光转向乡村，其所保留的文化和生活方式对于许多现代城市人来说成为一种符号化的向往追求。例如西南地区少数民族的强烈文化特色以及乡土手工技艺的传承，成为了当下一些设计师探寻当代本土文化和回归"手作"为设计基础的灵感温床，并出现了以经济利益为主要推动力的生产性保护的做法。但在创意产生语境和市场消费人群都来源于城市，非物质乡土文化的输出成为一种主要为城市社会服务的商品后，原本应作为文化主体的乡村就有可能沦为生产代工的下游处境。甚至在某些情况下，培育这个文化根源的原生环境和社会体系的存在价值也不再发挥作用；只要掌握了商品生产的资源（人工、技艺、原材料、符号化的元素等），经济活动的链条可转移到任意合适地点。

　　因此，我们对乡村文化遗产的价值评估应该有更全面的认知，而不只是狭隘地截取一个环节，忽略了这个价值取向所产生的历史背景和整体社会环境。这终将导致一种表面的符号化现象，而不是真正意义上的可持续生命力。

二、村落文化景观保护的基本理念

联合国教科文组织在 1992 年提出了"文化景观"的概念，提出遗产的保护和合理利用，使其可持续发展。文化景观的定义可总结为："人们依靠所生存的自然环境，按照自己的需要利用自然界所提供的材料，有意识地在自然景观之上创造出的景观。"[3] 聚落类的文化景观随着历史的进展，反映过去居住在该地区的文化集团的变迁和发展，不断变化却又具有一定的承继性。其传统风貌和空间肌理反映着生活生产、风俗习惯、社会结构等地方文化特征，以及地形地貌、自然植被、道路水系等环境特征，兼具物质与非物质、自然与营造等多面性元素的结合，是一个独特的整体。[4] 这些特征在历史的演进中不断变化却又具有传承延续性，因此也是一种现时进行的活态遗产。这类文化遗产最重要的载体就是生活在其中的主体——聚落的居民。在保护文物本体以外，也需从当地人的生活实际需要和将来发展出发，承认社区发展变化和生产经济对于延续遗产地生命力的重要性。

近年有一些专家开始在中国提出以文化景观的"动态"概念来看待传统村落的保护和发展，并且于 2008 年 10 月发布了关于村落文化景观保护和可持续利用的《贵阳建议》，开始在以贵州为主的西南地区试行。[5]《建议》中除了总结村落文化景观多维度的横向特征和纵向演变特性以外，也强调了有关其保护和发展的复杂性，并且"倡导政府在政策导向、法律体系构建、技术保障与资金筹措、资源整合等方面给予支持和引导"，"重视村落发展诉求，维护村落文化景观发展途径的多样性"。

综上所述，村落文化景观的整体保护与其发展是密不可分的。除了物质表象的历史文化特征以外，更重要的是理解村落形成的历史背景，认识其常态演化规律和进程，再依从当代人的需求和价值观以及对未来发展的愿景进行合理的保存和变更，而不是硬性地将现存的村落形态凝固在一个不符合现代生活方式的随机时空状态。在重视地方社区诉求的同时，也要认可保存遗产本身的普世价值，以及所需进行的保护干预和对未来发展建设的引导，并且在保护的基础上注入活化的设计思考。

传统的文化遗产保护语境中是要保存历史构件和材料的现状，最大程度延缓或减低其变化，以延续其物质存在的价值。但随着遗产的类型和概念越来越拓展和复杂化，许多遗产类型的价值评定已超越其物质表象层面的独大价值。以村落文化景观为例，贯穿其中的历史脉络、人文元素和生活氛围与承载这些内涵的物质载体是相辅相成、互不可缺的。而这种情境中所讨论的保护设计也不应只局限于风格或形式上的体现，更应作为一种整体性的活态制度，包含了从政策管理机制到具体生活和生产方式以及营造环境的提升的思考。

三、村落文化景观保护的基本原则和方法

村落文化景观的保护在中国目前还只是处于探索实验阶段，目前还无法总结出一套具有验证性的系统

方法，本文只能根据迄今的一些经验浅谈几个简单的原则性做法。

村落文化景观的物质环境可分为建筑本体和宏观的整体环境。整体而言，除了个别已确定级别的文物保护单位建筑和传统风貌保存完好的历史建筑以外，大部分传统村落建筑，尤其是民居建筑，其传统建筑风貌特征已在不同程度上受到了整改，甚至有部分建筑已彻底改头换面。公共建筑由于其历史象征意义和纪念性价值较为突出，传统使用功能还有延续，因此对于这类建筑的保护修缮还是以尊重历史传统结构、特征风貌和格局为原则，就算有大修或重新修建的行为，也是以恢复传统风格为主，保护设计原则和做法上比较不存在争议性。传统民居建筑则因与老百姓生活息息相关，随着生产和生活方式的改变，在审美与功能、保护与改造之间的分寸拿捏很难订立统一标准。如何将老宅的传统结构和布局与现代生活需求相配套，同时又能不损害其历史和艺术价值并与整体环境风貌相协调，就需要结合使用者的实际诉求、改造技术研究和理性的设计分析。

总体而言，传统村落民居建筑的保护与更新策略没有统一的标准和做法，必须根据建筑本身的保存状况、是否有法定保护地位（如文物保护单位有较具体的施工要求）、历史艺术文化价值、位置（如是否占据村内风水龙脉、景观关键节点等）、使用功能、造价等，结合实际情况因地考量。单体建筑的保护与改造设计还需与村落整体基础设施，如上下水、排污、垃圾处理、安全消防等的入户设计相结合。除此之外，保护与改造工程的技术与资金来源以及村民保护意识的程度也会造成影响。例如村民自费修缮和政府给予经费支持，就会导致不同程度的技术应用和造价承载度，而保护意识比较强的村民只需要有适度的引导和辅助，而不是较为硬性的法规管理手段。

除了对现存历史和传统建筑的保护设计与改造以外，传统村落的新建设营造设计也是一个重要环节。随着时代的前进，人与自然的互动也会出现相应的变化和发展。因人口增长而出现的建设需求是乡村生命力延续成长的征兆，一味硬性地划定保护范围，刻意扼制新建结构的产生是不现实的，应该思考的是如何在不破坏传统村落形态和景观的情况下来合理安排新建设用地。

首先，从选址上来说，乡村的生产用地，无论是农耕地或是一些特色传统产业如手工造纸等都有其特定的环境要求，而在传统建筑已经占据了村落范围内大部分土地的情况下，如何节约土地、避免占用珍贵的生产用地是一个重要考虑因素。历史城镇和乡村的建设往往存在着一个迷思，认为风貌协调就等同于统一或格式化的建筑风格。其实只要分布位置、形体、体量、密度等大原则与传统村落环境有结合性的考量和控制，与现存村落景观相协调，传统村落的新建设还是应以村民自发性的行为为主，并允许由此产生的创造差异性。相关部门或专业人员可从旁给予技术支持和引导，但不鼓励外来主导的短期大型建设项目。传统村落的民居建筑是一种顺应环境、感应自然美加上后天经验累积所衍生的建筑类型，其建成规模和坐落分布是根据村落人口数量变化有机发展而成，延续这种发展规律也是村落文化景观动态保护的目的之一。（图2、图3）

图 2 四川雅安周边的村落里，村民自发修建的木构砖混新房还保留着传统形态。

图 3 四川雅安周边的村落里，外界输入的轻钢结构新房与图 2 对比，建筑形态改变较大。

乡村里的非物质文化遗产也是村落文化景观的一个重要组成部分。从资源保护的情况来看，可分为三大类：第一类是可输出为产生经济效益的特色产品，如特色手工艺品、农产品等；第二类是无法直接输出成为商业产品但可为村落本身增添旅游特色从而产生直接或间接的经济效益，如歌舞、节庆、饮食等；第三类是无法产生任何经济效益，但是村落传统文化重要组成部分，如风俗习惯、信仰崇拜等。

第一类若是在生产过程中没有环境上的特定要求或原材料的供给问题，那就有可能脱离其原生的乡村环境。这通常出现在经过长期自然发展过程中，由于区位、物产和传统，某些特色产品生产的特种工艺逐渐集中在某一个或几个乡村中，并且其特色产品逐渐在相当范围内形成了被消费者认可的销售区域。但随着时代的发展，交通的便利和对外部销售信息的掌握，这些乡村中掌握特种工艺的许多工匠选择离开乡村到可能销售更多产品的城市和地区居住，使得原先兴盛的乡村已经衰落。[6] 又或者这个产品或工艺已失去传统消费人群或功能，但随着旅游开发或和城市的扩大联系从而找到新的现代定位，因此随着新兴的市场而迁移。尽管通过经济活动能够达到保存生产这些特色产品的特种工艺的目的，但脱离了其原生语境的工艺产品只可能随着消费需求而发展，失去其文化自主性。比方说苗族银饰已是许多城市地区常见的旅游产品，但这个饰品文化的形成是和苗族的歌舞、节庆、服饰、信仰崇拜、生活方式等方方面面息息相关的。例如造型和图腾的特殊文化意义、佩戴场合、穿戴者的年纪和身份、与之搭配的服饰发型等都可会影响饰品的创作导向。（图 4、图 5）乡村文化本就是顺应自然生成，具有使用的生活情趣，在乡民一种集智的情况下衍生而成。脱离了孕育这个文化的整体语境，大部分匠人只能成为设计师或市场导向的加工技师，丧失了在文化原生环境内通过这种集体创造能力持续自主演化发展的创作空间。乡村是一个复杂的整体，其文化形成是和整体自然环境、历史、民族地域性、生活方式、生产方式、社会因素等方方面面环节紧紧相扣，只抽出一个片面来检视放大培养，有可能对其往后的发展造成异变。

结语

村落文化景观的保护主要可体现在三个层面：物质、非物质、制度。而这三个层面又都是息息相关，无法独立分割出来的。物质泛指村落的整体空间环境，包括人为营造的构筑环境（公共与民居建筑、道路、水系、公共空间与设施等）、其周边自然环境以及两者相结合所产生的人文景观（依地势地貌而建的村落布局、农田、外围林地等）。非物质覆盖的层面包含语言、节庆、歌舞、服饰、工艺、饮食等共同记忆要素，还有地方的信仰崇拜体系以及与其所产生的仪式、精神空间和地标、礼仪习俗等。制度则是村落传承的社会生活和组织运转，以及未来社区能够自主管理、维护和应用这些遗产以及平衡发展的实际考虑。

由此可见，村落文化景观已经超越一般文化遗产保护的范畴，还需考虑有关自然保育、生产经济、基础设施、建设、文化、社区发展等多方面领域。事实上，这里所讨论的是一个完整聚落生态系统的保护，而村落生态系统又受到许多外在大环境因素的影响和冲击，本身是非常被动和弱势的。所谓的保护其实是尽可能保留衍生这个生态系统的组成要素——人与其

图 4　苗族女子的银饰打扮

图 5　苗族小孩的银饰打扮

居住环境，使得在这环境下所累积的共同社会经验能继续在当前和未来的生活发生作用。因此，保护的意义并不是在将上述所触及的内容形式全都保存下来，这是不现实也不自量的，尤其是涉及共同文化记忆和民俗生活方式的层面，这完全取决于当代相关利益集团的自身意愿。重点应将适应地方条件的特色人居环境进行保存和提升，对其经济生产和社区发展进行辅助和宣导，吸引并鼓励居民继续在其中生活。在这个前提下，先人所传下来的共同社会经验和生活基础，亦即文化，经当代人的消化应用，才有可能继续在其原生环境中有机地承袭发展。在这个过程中纵使有消亡新生，也属正常规律。从保护干预的角度来说，若某个遗产要素的消亡必不可免，可尽力做好调查记录的工作，或进行标本式的保护，但除此之外，任何过多的外来干预而非地方社区自生意愿所驱动的保护行为难免会沦为形式。

[注释]

[1] 费孝通：《乡土中国》，北京：人民出版社，2008 年，第 1 页。

[2]《贵州民族文化遗产保护"百村计划"——项目战略合作框架协议》，未发表项目文件，贵阳，2012 年。

[3] 杜晓帆：《保持文化遗产在时代变迁中的生命力——村落文化景观的保护与可持续发展》，载《今日国土》，2006 年 9 期。

[4] 单霁翔：《走进文化景观遗产的世界》，天津：天津大学出版社，2010 年，第 98 页。

[5] 2008 年，由联合国教科文组织世界遗产中心北京办事处、国家文物局、贵州省文化厅、北京大学、上海同济大学主办，贵州省文物局承办了中国·贵州——村落文化景观保护与可持续利用国际学术研讨会。并于 2008 年 10 月 25 至 27 日在贵阳召开。来自国内外约八十名知名专家、学者出席了此次会议，讨论并一致通过了《关于"村落文化景观保护与发展"的建议》(《贵阳建议》)。

[6] 孙华、陈筱：《传统乡村保护与发展规划》，发表于 2013 年 7 月 25 日，中法乡土文化遗产学术研讨会，贵阳。

设计与转型:"设计立县"发展路径及十大模式构建:以上海—长三角工业设计项目服务外包平台"设计立县"计划为例的系列活动的实践与思考

丁 伟 赖红波

丁伟 上海木马工业产品设计有限公司设计总监 / 赖红波 华东理工大学艺术设计与传媒学院讲师

[摘要]

我国传统制造企业升级压力越来越大, 如何突破全球价值链的锁定和实现"质"的飞跃, 如何转型升级和跨越低端锁定? 一直是理论和实践急需要解决的课题。当前, 从上海"设计之都"建设, 推动以"以设计引领转型", 到上海自贸区建立, 助力"开放倒逼改革", 核心都是转变经济发展方式, 达成未来可持续发展和华丽转型。为此, 本文提出了"设计立县"的概念, 通过构建创意生态, 运用设计力量推动区域经济转型升级, 从而摆脱传统县域经济的低层次竞争, 实现传统制造业可持续发展。在此基础上, 本研究进一步结合"设计立县"十大模式的理论展示和模型构建, 并辅助相关案例进行分析和阐述。

一、引言

改革开放三十余年, 尽管中国经济一路高歌猛进, 并取得了令人瞩目的增长, 但经济快速增长和推动社会经济进步的背后, 是以破坏生态环境、加速资源枯竭的沉重代价来换取的, 已经不能顺应当代社会发展和环境保护的需求。我国"十二五"规划明确把发展的重点放到转变经济发展方式, 积极推进传统产业的转型升级。李克强总理在上海考察时指出中国企业必须从粗放的制造走向创新 [1]。当前, 全国各个行业都在谈转型升级, "中国企业到了非转型不可的时机"(陆雄文, 2012) [2], "中国不死一批企业不可能真正转型"(张维迎, 2013) [3]。

从上海"设计之都"建设, 推动以"以设计引领转型", 到如今上海自贸区建立, 用开放形成倒逼机制, 核心都是转变经济发展方式、调整产业结构, 实现经济发展, 实现华丽转型和突破。当前, 创意产业正在成为上海经济转型和产业结构调整的新引擎, 聚焦低碳、环保、资源节约、智力聚集等方面, 积极转变上海的发展方式。随着我国"创新型国家"战略的实施, 各地区、各有关部门都充分认识到大力发展工业设计的重要意义, 采取切实有效的政策措施, 促进工业设计加快发展。"设计力就是竞争力", 通过工业设计提升产品的创新能力和竞争力迫在眉睫。

二、传统制造企业现状与"设计立县"背景

当前, 中国制造业已经完成了"量的积累阶段", 进入以企业全面转型和提升为核心任务的"质的提高阶段", 中国目前只是制造大国, 并非制造强国。从全球产业链中的分布来看, "中国制造"在相当程度上以"廉"取胜而非以"精"取胜, 中国制造业总体规模小, 人均劳动生产率远远落后于发达国家, 尤其是制造业产业结构低下, "两高两低(高耗能高污染和低技术含量、低产品附加值)"的制造模式对国民经济以及整个社会价值链、生态链的影响越来越大。技术创新能力十分薄弱, 有自主知识产权的产品少的

弊端逐步凸显。如何解决我国制造业在快速发展中的转型升级问题？"工欲善其事，必先利其器"，要从"中国制造"走向"中国智造"，实现转型升级，必须要找到合适的方法和具体途径。

2010 年联合国教科文组织正式批准上海加入联合国教科文组织"创意城市网络"，颁发给上海"设计之都"的称号。"设计之都"是城市的一张文化名片，从上海城市发展的需要来看，打造成"设计之都"可以提升城市软实力，促使上海产业结构升级换代，进而转变经济发展方式，从而真正体现以人为本的发展理念。近年来，上海创意设计产业正呈现出蓬勃发展的良好势头，涌现了一批创意设计类的知名企业集团，培育和集聚了一批海内外创意设计人才，产业规模也在不断扩大。同时，"设计之都"的打造有利于上海产业结构的优化升级，促进上海率先转变发展方式。尤其是通过大力发展设计产业，助推长三角洲产业结构的优化升级。同时，可以使上海更好地服务于长三角、服务于全国。在当前转型升级背景下，我国已提出重点任务是转变发展方式，许多城市和企业都需要设计创意和咨询策划的服务，以实现传统产业的升级，把传统产品变为时尚产品。

2011 年，作为上海优秀设计公司代表之一的上海木马工业产品设计有限公司和华东理工大学设计学院，形成产学研团队设计力量走进苏北，为江苏宝应县四大传统产业——水晶、玻璃、乱针绣、教玩具进行产品设计，推动上海设计智库为长三角制造企业服务，把设计师的经验和创意与传统特色产品嫁接，转化为具有市场竞争力的产品。并逐步形成"设计立县"计划模式（程建新，2011）[4-5]。"设计立县"概念

的初衷就是通过构建创意生态，运用设计力量推动区域经济转型升级。"设计立县"的建设的核心内容之一就是要尽快解决与企业脱节的设计和企业对接的瓶颈。改变设计教育的人才培养与产业需求不匹配的问题。立足点是借助上海设计资源和设计智库，为江浙沪地区传统制造企业服务。

三、"设计立县"十大模式

三年来，在"设计立县"计划的推动下，上海木马工业设计有限公司先后与华东六县建立战略合作关系，累计开发超过两百款产品，为制造企业举办三十场设计培训，在上海、广东、义乌等地建立区域品牌产品营销中心，经济效益得到提升。"设计立县"计划受到《解放日报》、《第一财经》等权威媒体报道，入选"上海设计之都创新模式"展览。回顾三年来的历程，可以概括"设计立县"四个阶段和十大模式，具体如下：

阶段一：围绕企业个体的"工业设计"阶段

这个阶段，集中围绕在企业个体，即"设计"为企业服务的阶段，或者称之为"设计立县"1.0 版阶段。这一阶段，主要是更好推动设计公司与企业之间的合作，大致表现为三个模式。

模式 1：产品阶段合作模式

中国的制造企业现状是多层次的，既有外向型加工型企业，又有品牌企业和高科技企业。同时，企业有不同的需要。处在这一阶段，"设计立县"计划需

要针对不同企业给出不同的解决路径，如针对中小企业，通过把外部设计力量嫁接进来，短时间抓住产品特点进行再设计，在不改变原有结构基础上，外观美化和提升；且投入较少，服务快速、周期短、针对性强。针对创新性企业需要，不断研究用户需求和洞察消费者内心，跟踪行业发展，帮助企业研究中国市场需要，为创新企业不断找到价值点，引导正确方向。针对领导企业，不仅关注当下产品，更关注企业发展未来，在技术和需求的双轮驱动下创新。通过技术和需求双轮驱动，帮助企业不仅关注当下产品，还关注未来，助推企业持续处于领导地位。

模式 2：战略合作模式

企业是创新主体，但很多时候，企业只注重结果，导致企业内部各部门之间缺乏有效协同。企业急需要建立运行机制，更好嫁接内外部资源，建立创新系统。"授人以鱼，不如授人以渔"。这一阶段，"设计立县"计划相当于企业顾问性质。企业不仅需要获得创新的设计服务，更需要帮助建立创新机制，与企业建立战略合作，持续创新成为必然趋势。这一模式重点是设计师进入行业，与企业一起开发，优化创新流程，突破关键瓶颈，与企业建立战略合作。通过无缝配合，帮助企业更好嫁接内外部资源，建立创新系统，帮助企业建立有效运行机制，来完成开发的关键环节。

模式 3：品牌系统创新模式

从产品制造到产品战略再到品牌，是企业发展一定阶段的必然趋势。这一阶段，"设计立县"计划强调产品和品牌的协同。为此，"设计立县"计划通过

建立协同工业设计中心、品牌设计中心、用户需求调研中心，通过产品和企业形象系统重新设计和定位，进行品牌基因（DNA）塑造，进一步拓宽服务的广度和深度，打造从产品设计到品牌塑造的全过程服务。从而跳出产品设计的范畴，进一步从产品设计到品牌塑造，从而满足各层次企业品牌需要，突破品牌制约，走出企业"微利"困局。并最终塑造区域品牌，共享区域品牌发展"红利"。

阶段二：从企业层面上升到政府购买服务

很多时候，传统制造企业，尤其是中小企业聚集的集群区域，企业很难自动实现转型升级，急需要外部力量的推动。为此，这一阶段集中在地方政府层面，即通过政府购买服务的方式，实现外部"设计"为企业服务，也可称之为"设计立县"2.0版阶段。

模式 4：候鸟中心模式

相对欠发达地区的制造企业，同样也需要创意，需要设计和资源整合。但相对落后的区域，创新人才和创新力量难以聚集，尤其很容易导致产业园区空心化。为解决此问题，"设计立县"计划通过协助建立县市级设计中心来解决设计人才、创意人才等的聚集，如一部分难度不大的产品和设计当地解决，另一部分偏向高端的产品和服务带回上海来解决。当地政府起到"制造"和"设计智库"的桥梁和平台作用，尤其是可以引进外部优秀的设计资源。实现设计人才的定期交流（类似"候鸟"），形成一个平台和运行机制，从而把外部智库和资源逐步嫁接到县域经济上来，实现循环改进机制。

模式 5：创意基地模式

这一模式主要针对的是发达地区。一般来说，发达地区的创新力量可以聚集，但需要超越简单的物理空间聚集，帮助已有的创意产业园区实现从二房东到创意产业服务运营商的转变，形成创新生态系统。"设计立县"计划的解决思路，通过帮助建立各种有效机制和模式（如"权益金模式"），进一步激发"设计中心"活力。通过产品研发、中试平台、人才中心和金融服务平台等建设，来实现从需求到制造路径的衔接。通过助推人才的聚集，发展区域经济产业，提升地方经济。尤其通过设计和智库落地，给当地经济和政策产生辐射效应。

模式 6：新城镇创新模式

创意不仅服务于生产，也服务于生活。传统文化，以及特色旅游等，都需要重新包装，带动当地经济。将区域文化和区域品牌进行升级，提高城镇文化和品牌知名度，目前如火如荼的新城镇建设尤其需要更多创意与设计的力量。"设计立县"计划就是从城镇发展的设计特色化进行切入，包含各种传统工艺品、手工、特色产品的设计与升级，以及自然景观、人文景观、生活空间、城市色彩等体现城镇发展的城市美学。总之，从产品设计到文化设计，从产业园区创新平台建设到新城镇建设，体现以人为本和回归自然的幸福指数。

阶段三：回归设计阶段

设计师是创意之源，也是未来创新的主体。当前，制约设计师成长的最大瓶颈是从作品到产品、商品的跨越。为此，随着创新主体的变化，这一阶段也逐渐回归到设计师层面，如何通过协同创新来激发设计师的能动性？显然，高校不能独自完成这个过程，需要企业、院校、研究机构、设计公司它们从不同的角度来协同创新。这一阶段，也可称之为"设计立县"3.0版阶段。

模式 7：原型创新模式

目前，国内企业产品大多以模仿和跟进为主，90% 以上的企业缺乏原创。原创设计是改变未来本土企业转型升级的核心力量，从 dyson 无叶风扇到苹果手机，无论是需求驱动还是设计驱动，都是原型创新引领世界的潮流。"设计立县"计划本质上还是要思考如何从原型创新和原创设计视角，把市场、消费者和设计，以及技术在一个平台上，建立原创中试平台，加强科技与设计结合，加速释放原创产品推向市场，助推市场与资本互动和结合，打通从创意到产品到经营的路径，来真正实现"本土智造"。

模式 8：设计教育协同创新模式

设计教育和设计人才培养是源头活水。目前，国内设计教育跟不上社会日益增长、深化的需求，尤其是创造型人才的培养（柳冠中，2005）[6-7]。从而制约我们从"制造大国"走向"智造大国"，尤其是设计教育与企业实体之间缺少协同创新体系：一方面是企业缺少设计人才的加盟，另一方面是设计人才教育和培养的匮乏。"设计立县"计划建立协同创新服务平台，突破关键瓶颈，帮助县域区域培育设计人才，提升教育。另一方面又把设计人才输出和反馈到县域大量中小企业，形成"产学研"的良性循环和互动，实现"产学研"协同创新。建立人才智库和共性研发中心，促进上海和长三角区域产业的信息交流和共享。

模式9：创意资本模式

"设计"不仅是服务，更是一种资本形式。创意设计师如何完成从创意到产品再到商品的"一跃"，需要资本的助推。如何运用创意资本力量来驱动创新产业发展？"设计立县"计划基于区域特色产业，帮助通过建立工业设计研究院，不断释放成果，完成从概念设计到产品样机再到具有知识产权的成果的实现，帮助企业完成从制造型企业到创新驱动企业的转变，将创意的力量作为一种资本形式驱动制造企业的发展。

阶段四：新经济背景下未来的发展

目前正处于大数据时代，一切传统的模式都在崩溃，人们的生活方式、生产方式在以前所未有的速度发生着改变，包括传统的设计模式和新的商业形态。如果不能顺应时代而改变，终将会被时代所淘汰。

模式10：创意云模式

大数据时代，区域经济与互联网结合存在欠缺，区域特色产业如何被外界了解和品牌传播的问题都需要解决？互联网经济下，区域产品、区域品牌整合，带动区域经济提升。从产品到品牌到营销，一步步推动当地特色产品、企业、区域产业与外界联系。"设计立县"计划通过建立创意云网站平台，展示区域特色产品，形成区域品牌营销模式和展示模式，把区域企业、特色产品和区域品牌放在一个平台上。实现企业推广、产品展示和区域品牌展示三合一，信息推广和服务贸易平台同时推进，真正实现社交媒体时代的推广和传播革命。

四、结语

本文提出"设计立县"的概念，通过构建创意生态，运用设计力量推动区域经济转型升级，从而摆脱传统县域经济的低层次竞争，实现传统制造业可持续发展。在此基础上，本研究进一步结合"设计立县"十大模式的理论展示和模型构建，并辅助相关案例进行分析和阐述。

"设计立县"十大模式涉及多方面思考，无论是产品和服务创新，还是设计与区域经济发展对接，以及大数据时代下的商业路径探索，都为传统制造产业发展和未来转型升级带来更多前瞻性的战略思考。回望我们一路走来的历程，把三年来的经验凝聚在"设计立县"十大模式的思考中。我们知道，工业设计属于对现代工业和产品进行规划、设计、不断创新的专业。设计不是万能的，"设计立县"的本质就是以工业设计为抓手，切入研发环节，从源头上开始改进和塑造，把设计、企业和区域经济发展与转型升级放在一起思考和探索。当然，"设计立县"十大模式还有不足和需要完善的地方，未来也需要进一步的不断摸索和创新。

[注释]

[1] 李克强在江苏、上海调研时阐述"中国经济升级版"五大路径，人民网，2013 年 04 月 01 日。

[2] 陆雄文：《中国企业到了非转型不可的时刻》，《解放日报》，2012 年 12 月 7 日，http://newspaper.jfdaily.com/jfrb/html/2012−12/07/content_934286.htm

[3] 张维迎：《中国不死一批企业不可能真正转型》新浪财经，2013 年 09 月 12 日，http://www.qlwb.com.cn/2013/0912/38379.shtml

[4] 过国忠、宗玉乔：《宝应："设计立县"寻求转型发展"新支点"》，《科技日报》，http://www.stdaily.com 2011 年 12 月 19 日。

[5] 徐蒙：《上海牵手小作坊，能成"模式"吗？》，《解放日报》2011 年 10 月 24 日。

[6] 柳冠中：《"工业设计"的再设计》，《装饰》，2001 年第 2 期，第 3—4 页。

[7] 柳冠中：《走中国当代工业设计之路》，《装饰》，2005 年第 1 期，第 6—8 页。

模仿—蜕变—创新

智 恒
维也纳实用艺术大学在读博士

[摘要]

当人们谈论到设计时，自然而然会谈论到创新。相反，模仿与复制不但不会被人与设计挂钩，更是普遍遭到鄙视甚至唾弃的做法和现象。所以，当美国设计咨询巨头公司 IDEO 于 2009 年发表了《仿造式设计是创新的开放平台》（"Copycat Design as an Open Platform for Innovation"）一文时，设计界对"模仿"与"创新"这两个冤家对头般的概念的同台并论很不适应。

约克大学英语文学教授马库斯·布恩（Marcus Boon）发表的新书《对复制的礼赞》（In Praise of Copying）中说道："世界万物的生存与延续都与复制和仿造息息相关。"没有了仿造，就没有了生命的繁衍抑或文化的传播。如果我们将此视角运用于产品的设计中，也会发现其实没有任何一样产品是纯粹意义上的创新，也没有任何一个国家无需经历模仿与学习的过程而成为设计大国。

经济学专家特欧多尔·莱维特（Theodor Levitt）早在 20 世纪 60 年代就提出了"创新式模仿"的市场运营理念。今天，无论在商界还是思想界，更多的人在关注"山寨"与"模仿"的含义与潜力。在不侵犯知识产权的前提下，如果我们可以重新审视和开发模仿的过程对于设计所带来的创造力，以及发自民众的草根式山寨行为对于设计界所带来的启发，也许有更多的创新会从这个至今为止"不登大雅之堂"的行为中蜕变、迸发出来。

当人们谈论到设计时，自然而然会谈论到创新。相反，模仿与复制不但不会被人与设计挂钩，更是普遍遭到鄙视甚至唾弃的做法和现象。关于创新与模仿的纷争也早就开始了，以 19 世纪末期英国、德国为例：1896 年，英国记者额尔尼斯特·威廉姆斯（Ernest E. Williams）出版的《德国制造》（Made in Germany）书中写道：

"如果看看有多少发明最初诞生于英国，就不难发现当今德国工业的规模只有可能基于他们对这些发明小心翼翼的模仿之上。"[1]

此表述的目的无非是提醒人们警惕德国产品对英国市场的威胁。此外，同一时期，以德国为首的一些欧洲大陆国家仿冒英国餐具、纺织品、钟表、机械制造等现象层出不穷。1887 年，英国为了维持市场竞争力，保护本国产品利益，在新出台的商品进口条例中规定，所有进口商品必须以"Made in …"标明其出产地，以便人们在购买时能够分辨产品真假及质量优劣。没想到原本是为了警告用户而设置的标识，却在不久之后就成了高质量的代名词，而且持续至今。

一味的模仿必然没有生命力，但正如约克大学英语文学教授马库斯·布恩（Marcus Boon）发表的新书《对复制的礼赞》（In Praise of Copying）中说道："世界万物的生存与延续都与复制和仿造息息相关。"[2] 没有了仿造，就没有了生命的繁衍抑或文化的传播。如果我们将此视角运用于产品的设计中，也会发现其实几乎没有任何一样产品是纯粹意义上的创新，也没有任何一个国家无需经历模仿与学习的过程而成为设计大国。学术界普遍关注的是这些工业大国"创新"的阶段，却很少有人把目光投向他们"仿造"的经历。

其实，"仿造"和"创新"并非两个孤立的点，这个演变确是一个你中有我、我中有你的发展过程。

　　日本在过去的几十年中同样经历过从"仿造之国"到"创新之国"的历程。在《德国制造》出版近一百年后的 1990 年，美籍学者谢里登·田角（Sheridan Tatsuno）撰写了《日本创造：从仿造者到世界级的创新家》（Created in Japan: From Imitators to World-Class Innovators）一书，意在转变当时美国政界和商界对日本固有的态度，以清醒地意识到这个原来以拷贝著称的国家已在多个制造领域悄然赶超美国。谢里登·田角在他的书中比较了东西方对"创新"的不同认识：

　　"在西方，创造力被看做是一种凸显的、单阶段的创造过程。人们强调的是能够带来戏剧性革新的新想法……是扩展一下我们西方一直以来对'创新'的认识的时候了，创新是多样性的，包括'日本式'的创新。"[3]

　　设计与产品讲究"个性化"和原创性，但东西方对"个体"的认知自古就有很大不同。西方大范围内对于"自我价值"（individuality）以及"原创性"[4]（authenticity）的追求起始于启蒙运动，对于个人天才（le propre génie）的推崇，以及知识产权系统的建立，也正是在这个时代背景下兴起的。中国古代的价值体系中，"个人"的位置首先是归属于各个社会整体结构中的，个人所创造的价值也首先在所属的群体中体现。在这种相对稳定的、有安全感的社会体系中，人们自然而然不会把自我的展现和个人的突出作为首要追求，因此也就不会特别去追求如田角所说

的"戏剧性的革新"。相比之下，中国自古对于艺术创作以及创作的"真本性"也有着较为开放的认识，更加强调创作过程，而非一旦成形就一成不变的结果。柏林艺术大学的韩裔哲学教授韩秉喆在他近期出版的《山寨：中文的解构》中这样描述"真迹"的概念：

　　"它（真迹）其实瓦解了（西方）对于真品的理解：独一无二，无法变更，仅体现自我外观和价值的创作。而中国的真迹却并非一次性的创造，而是一种永无止境的过程，重要的并非那最终的结果，而是不断的蜕变。"[5]

　　这本书一出版，就引来了德语区思想界的高度关注。确实，山寨现象近四五年来在国内外都被各界争相讨论。从德国教育科研部的科研项目组到澳大利亚亚洲创新产业专家麦克尔·基恩（Michael Keane），从新罕布什尔大学知识产权法教授威廉姆·汉纳西（William Hennesay）到伦敦中央大学的人文学课题组，[6] 西方各领域专家纷纷着手分析山寨现象，以及制造业中"模仿"的行为在社会各层面所代表的意义。众口纷纭中基本的论调大都不再是批判山寨产业以及行为对于知识产权的侵犯，而是承认这其中体现出来的从下到上、从边缘到中央的无穷创造力。如韩秉喆所述："山寨产品从原创那里逐渐地演变脱离，直到它自己也变成了原创。"[7]

　　设计界也必然地关注到了山寨文化中蕴藏的力量。美国设计咨询巨头公司 IDEO 于 2009 年发表了《仿造式设计是创新的开放平台》（"Copycat Design as an Open Platform for Innovation"）一文，将"模仿"与"创新"公然地同台并论。他们认为这种

非主流模式更加接近草根消费者的需求，可以在这其中开发出"广阔的生意空间"。[8] 中国上海一家知名本土设计公司也在采访中提到不但曾经参与到山寨手机的设计中，而且不得不承认山寨手机的很多性能都是基于"到位的市场调查"，反而给专职设计人员带来很多启发。荷兰知名设计群体 Droog Design 今年三月在中国广州正佳广场举办了名为"新原创"（New Originals）的展览，以一个中餐馆室内家具装潢为起点，制作出了一系列在模仿的基础上稍加变更的"新原创"。Droog Design 创始人蕾妮·蕾马克斯（Renny Remakers）提出：

"当今的设计市场已经过度饱和，我们应该更多地从思想与文化的层面去思考如何对待这种过剩的现象，并将其运用到设计的过程中。我们必须发挥集体智慧的优势。"[9]

可见，在思想界的带动下，西方设计界也在不断向一种开放型的创新观念靠拢。这种观念的开放体现于两个方面：对于产品本身设计过程的重新审视，以及草根文化与主流文化的碰撞与融合。

首先在产品的创作方面，不再固守于最早源于柏拉图的那种突发式的"神来之笔"，同时也不再一味强调单个设计师或设计公司在创新中的不可或缺。一件产品外观的一条曲线、一个角度较容易做到完全出于设计师个人意志的创新，但如果跳出产品设计仅为外观造型的观念，而将其视为综合文化内涵、用户研究、技术运用、市场战略等方面的集成艺术，就会发现设计不可能在所有方面都做到绝对的创新，也没有必要做到绝对的创新。田角提到的"日本式的创新"

所指的无非是一种包容的态度，不再将模仿和创新像过去习惯的那样分为两种互不相干的行为，而是更加注重在不断模仿中提升的过程。日本设计如今在世界上的地位也许是这种态度最好的证明。中央美院的学者周博在他的文章《创新的系统》中提出："中国设计缺乏能够不断产生新创意的系统性思维能力"。[10] 在不侵犯知识产权的前提下，如果能够重新审视模仿、蜕变与创新之间的关系，将模仿诚然地看做创新过程的组成部分或者起点，也许会为"持续"创新营造出更加宽容、更加开放的氛围。

其次是草根文化与主流文化的碰撞与融合。麦克尔·基恩在他讨论山寨现象的文章中，强调了这种草根阶层自发式的行为对于企业阶层不可忽视的影响与启发。企业阶层，又代表了所谓的大众商业阶层，是能够将创意转化成产品，以及可测量效益的排头兵。而以山寨为代表的草根文化可以为企业提供来自底层消费者的需求动态，再加上它相比之下不受拘束的、多样的创意模式，也经常是企业源源不断的灵感来源。这也许就是蕾妮·蕾马克斯所说的"集体的智慧"对于设计所能够带来的优势之一。

综上所述，无论从设计的实践还是文化层面讲，模仿、蜕变、创新都是环环相扣、不可或缺的环节。麦克尔·基恩曾经建议针对中国目前创意产业上升的过渡阶段，直接将人们"从中国制造到中国创造"的口号改为"从中国制造到中国再创造"（From Made in China to Recreated in China）[11]。无论这种提法是否恰当，它为从模仿到创新的过程提出了新的词汇概念，间接地瓦解了"模仿"这个概念在人们心中固有的负面地位，并且暗示着这其中蕴藏的无穷创造力。

[注释]

[1] Ernest E. Williams, *Made in Germany*, London William Heinemann, 1896, p161–162.

[2] Marcus Boon, *In Praise of Copying*, Harvard University Press, 2010http://newspaper.jfdaily.com/jfrb/html/2012-12/07/content_934286.htm

[3] Sheridan Tatsuno, *Created in Japan: From Imitators to World-Class Innovators*, 1990, 49http://www.qlwb.com.cn/2013/0912/38379.shtml

[4] 更多有关西方现代社会"原创性"的概念（authenticity）与启蒙运动的论述见马舍尔·博尔曼的《原创性之政治》一书。Marshall Berman, *The Politics of Authenticity: Radical Individualism and the Emergence of Modern Society*, 2009 (new edition of 1970), Verso.

[5] Byung-Chul Han, *Shanzhai: Dekonstruktion auf Chinesisch*, 2011, Merve Verlag Berlin, p19.

[6] Luo Minyan and Constanze Müller, "Zwischen Imitation und Innovation: Das Shanzhai Phänomen", 2009, www.ip-china.de; Michael Keane and Elaine Jing Zhao, "Renegades on the Frontier of Innovation: The Shanzhai Grassroots Communities of Shenzhen in China's Creative Economy", in *Eurasian Geography and Economics*, 2012, Volume 53, Issue 2; William Hennessey, "Deconstructing Shanzhai – China's Copycat Counterculture: Catch Me If You Can", in *Campell Law Review*, 2012, Volume 34, Issue 3; Mimesis, Transmission, Power, One day seminar co-organised by the UCL Department of Anthropology, the Institute of Archaeology and the Centre for Museums, Heritage and Material Culture Studies, June 3, 2011.

[7] Byung-Chul Han, Shanzhai: *Dekonstruktion auf Chinesisch*, 2011, Merve Verlag Berlin, p77.

[8] Makkiko Taniguchi, Eddie Wu, "Shanzhai: Copycat Design as an Open Platform for Innovation", 2009, patterns.ideo.com

[9] 见网上设计杂志 *Dezeen* 的报道：http://www.dezeen.com/2013/03/06/droog-copies-china/, 2013 年 3 月 6 日。

[10] 周博：《原创的系统》，载于《美术观察》，2013 年第 09 期。

[11] Michael Keane and Elaine Jing Zhao, "Renegades on the Frontier of Innovation: The Shanzhai Grassroots Communities of Shenzhen in China's Creative Economy", in *Eurasian Geography and Economics*, 2012, Volume 53, Issue 2, p217.

创意是水，滋润大地

贾 伟

洛可可设计公司创始人兼设计总监

[摘要]

创意是水，滋润大地，泽被三产。

创意是两杯水，理性的冷水与感性的热水融合为一杯创意的温水，无形无色，却蕴含无尽的力量，浸润"一产"、"二产"、"三产"，在华夏大地浇灌出瑰丽的花朵，滋生巨大的价值。创意与一产结合，改变传统农业靠天吃饭，靠地养人的模式；创意与二产结合，从工业设备，高楼大厦，到家居家电……创意渗透着人们的衣食住行；创意与三产结合，将情感融入设计服务，改变人们的生活。人性化思考，情感化设计，引领当代人进入一个活泼泼的创意世界。

一、引言

创意是水，与土壤结合，与空气结合，与种子结合，盛开创意的花朵；

创意是水，温和力量创造和谐设计；

创意是水，一杯是理性的凉水，一杯是感性的热水，汇聚成温水，浇灌、沉淀、渗透；

创意是水，流向不同的领域，滋润大地，汇集到海，看似平静，内部却蕴含着巨大的力量。

我信奉"温和力量"，好比大海，看似表面平静，内部却蕴含着无穷的能量，温和来自东方人温润而和谐的气质。我要求设计师理性与感性兼具，先用理性的温和逻辑思维，再用感性的力量创意思维。一个好的作品需要有激情，但更需要有理性的构架。创意是水，温和力量。

二、创意是水：浇灌出一个崭新的产业

进入 21 世纪，"创意产业"、"设计管理"等词语高频流通，"创意"、"设计"已经不单是某个产业的"冠名"，而是所有产业都关注的关键因素。创意、设计正在影响中国产业，悄悄改变"中国制造"的老思想，带着中国产业一路欢歌奔向"中国智造"。

要实现创意设计管理，首先要正确理解创意，理解创意与产业的关系。

作为中国工业设计的早期进入者，洛可可在这些年的摸爬滚打中，找到了适合自己的，也可以是适合中国设计企业的经营理念 ——"创意是水"。

"创意是水"首先认为创意是营养之水——虽然创意本身并不能形成产业，但因为创意是营养之水，这就有机会滋润其他产业，助长其新价值，从而浇灌出一个崭新的产业——创意产业。

我们可以把创意比作两杯水，一杯理性的冷水和一杯感性的热水。理性的冷水与感性的热水融合为一杯创意的温水，无形无色，却蕴含无尽的营养和力量，浸润"一产"、"二产"、"三产"，在华夏大地浇灌出瑰丽的花朵，滋生巨大的价值。

秉持这一经营理念，我们将创意融入"一产"——在北京创建了中国第一家创意农业公司，以番茄为主题，开拓番茄百种烹饪、番茄餐厅、番茄音乐会等创意畅想，让原来一亩三分地的"平地经济"生发出垂直价值。

（图1）宝坤创意庄园土豆招牌。

（图2）创意跨界，洛可可创意农业为第一产业插上翅膀。

（图3）创意渗透，洛可可创意农业走进清华美院。

我们将创意融入"二产"——创立了国内工业设计第一品牌"洛可可工业设计"。我们的工业设计不仅获得了多不胜数的国内外设计大奖，得到同行的认可，更是渗透了人们衣食住行各个方面，让越来越多的人享受到创新的价值、创意的乐趣。

（图4）炫彩指甲刀，以柔克刚的设计，炫彩的搭配，"红点大奖"作品，为客户瞬间增值20倍的同时，改观了人们对指甲刀的单一认识。炫彩指甲刀，不仅仅是剪指甲的工具，也可以是心情的表达。

（图5）阿陀健康记录仪，"咬"住苹果的设计。在所有人还没有意识到"可穿戴"设备的市场时，这款将计步器与健康记录挂钩，可与手机搭配使用，可

图1 宝坤创意庄园土豆招牌

图2 创意跨界，洛可可创意农业为第一产业插上翅膀。

图3 创意渗透，洛可可创意农业走进清华美院。

图 4　炫彩指甲刀

图 5　阿陀健康记录仪

图 6　智能腕表

图 7　空气盒子

以"夹"在身上，兼顾时尚与实用的产品，从理念到造型足足领先三年！受益的不仅仅是客户，更是消费者。这就是设计的魅力。当然，和指甲刀一样，阿陀也征服了德国红点评委，一举获奖。

（图 6）智能腕表，戴在手腕上的智能手机。毫无疑问，现如今"可穿戴"是一大主流趋势，蓝牙耳机、立体播放眼镜等大行其道，备受青睐。

（图 7）空气盒子，这不仅是一款智能空气检测器，更是一个可以远程操控的智能"小管家"。通过它，消费者可以远程操控家中的电器。该款产品外观创意来自这个世界上最基本的语言——圆。

我们将创意融入"三产"——打造了"SANSA上上"文化创意品牌，建立了"贾伟设计顾问"设计策略咨询机构……创意作为一种营养、一种介质，有力地推动了相关产业的转型发展。洛可可希望用自己的行动将"创意之水"引入各个行业，推动其发展和成长。

"创意是水"其次认为创意如水，它是智慧的生动呈现。

水有各种形态，江河、春雨、冰川、雾霭。无论固态、液态、气态，创意如水，可以多态向不同领域渗透；水有各种温度，冷水、温水、热水。创意是"冷热两股水"，其冷水代表理性、研究、计划、策略；热水代表感性、灵感、智慧、创造；洛可可主张"冷水"先行，策略先行，主张相信灵感，依靠理性。水有各种运营方式：可以浇灌，能够渗透，还会沉积。

站在创意设计本体的角度，为更好发挥创意设计助推经济的作用，科学理性地认识自己的身份，其实比任何盲目的热情高涨更为重要。

一方面，"创意"本身并不能自足形成产业，这就要求创意设计工作者具备横向发掘其他产业土壤的眼光和责任。另一方面，创意是水，创意有着无限的发展潜能；如何定位，如何附着，如何渗透，如何沉积，创意设计工作者的眼光、策略、路径、坚持都将在此面临真正的考验。

从创意阶层本体出发，将"创意产业"概念的理据从受作用面转向作用面，"创意设计"概念管理的核心价值在于：帮助创意设计的行动者正确认识创意助推经济发展的地位和作用，充分认识创意的无限能动性，以便我们主动驾驭。在这样一个创意设计框架体系中，创意设计的概念管理是实现创意设计管理的重要前提。

创意是水，我们寻找金色的种子——好的合作企业；我们寻找肥沃的土壤——好的市场；我们寻找灿烂的阳光——政府和行业的支持。基于上述寻找，有赖于水的浇灌、渗透、沉积，我们来了。

创意不是种子，但因为创意之水的浇灌，产业之花开了。

三、创意是水：孕育出一种创意的生活方式

创意是水，创意之水的浇灌不但能滋润一个产业的管理和成长，也可以通过设计产品，作用于消费大众，悄然改变人们的生活方式。

在这样一个注重体验的后工业时代，创意所产生的价值就是要给人们带来体验感，让人们不仅通过五感能体验，更能追求到第六感心灵的体验。在洛可可设计的产品中往往也存在着交互理念，最为有代表性的就是"SANSA 上上"的一系列源于东方文化的设计。

（图 8）这款名为"高山流水"（香台）的产品，应了禅宗那句话"空山无人，水流花开"。闻到的是香，触碰到的是每一缕烟，感受到的是内心的波动，这就是创意带来的体验，是物质乃至于精神的双重感受。事实上，创意产业更多的是结合文化、美学来表达最新的创新，更偏向于感性，当触动了人们的精神层面，也便发挥了它强大的力量。

源自本源文化的创意才能催生触动人心的产品。

（图 9）无弦品音（茶盘）

图 8 "高山流水"香台

图 9 "无弦品音"茶盘

灵感来自东晋文豪陶渊明的无弦古琴。

"但识琴中趣，何劳弦上声？"

琴道与茶道的期遇，传递着陶公抚琴独乐的意外之韵。

（图 10）"江南"香台

流淌的烟气，似细雨朦胧

幻化出梦里水乡。

黑瓦白墙，青竹疏影，缠绕袅袅炊烟

仿佛身处与世无争的世外桃源

漫步水巷，远离纷扰

寻找心中的江南，靠近最真实的自己

（图 11）"大耳有福"果盘的设计来源于经典的中式传统耳盘，盘边有耳，福寓盘中，盘碗传递之间，绵延的福气亦被播撒开来。整套设计包含由小到大四种器型，虽形式相同，却层层扩展。诚如生命的历程，只有不断超越自我的极限，拓充心灵的容量，才能体味更加豁达深远的人生。而这，才是真正的福气。

随着经济的发展，文化创意产业发展的规模和程度已经成为衡量一个国家或城市综合竞争力高低的重要指标，而政府对文化产业越来越重视。国家对创意产业的扶植固然很重要，但一个好的创意型企业更应该是靠创意的原动力，去发挥自己的能动性。洛可可作为唯一一家接受过国家领导人接见的设计企业，可以说是一件水到渠成的事情，不过这种水到渠成，不是"应该"或者"幸运"，而是以足够好足够强的实力和成绩来支撑的。企业具有了优秀表现和突出实力才会引来政府和民众的阳光普照，这是相辅相成的。创意不容忽视，但当创意的价值无限大，创意的力量无法阻挡时，势必会走出去，获得大家的青睐。

　　然而，要走出一条国际认可的中国设计之路并不是一件易事，不管对谁而言。每个国家的设计都有它自己的性格和特色，比如说德国的设计很严谨，日本的设计很细腻，美国的设计很自然，法国的设计很浪漫，这些设计都来自每个国家的民族性格、长期的生活方式。作为中国的设计师，我们不但要挖掘自己国家的民族智慧和性格运用到创意上，还要吸收别的民族智慧与性格，吸取国际上好的经验、好的作品，甚至于好的思想，和东方的文化以及生活方式相结合，才能更好地走向全世界。用创意之水，在这片属于中国文化的大地上，孕育出一种属于中国人自己的创意生活方式，然后再带着这种生活方式去影响世界。这是中国设计师现在以及将来的使命，或者说，是梦想。

四、创意是水：滋润出一片活泼泼的大地

　　人性化思考、情感化设计，引领当代人进入一个活泼泼的创意世界。创意将情感融入设计，让无形的情感、悠久的文化、生动的故事透过一件件物化的设计产品进入到每一个消费者的手中。

　　"创意是水"是洛可可的经营理念，其实也不止是洛可可的理念。好的企业是金色的种子，好的行业是肥沃的土壤，政策的支持是灿烂的阳光，当我们找到了种子、土壤、阳光的时候，创意如春雨般浇灌，让这些产业盛开创意的花朵。创意无形，它本不是产业，因为它提升了其他产业，自然形成了产业价值。创意是水，它本无形，但它浇灌过每一寸土地，滋润过的每一个心灵，孕育出每一份感动。

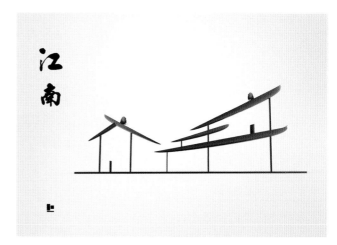

图 10　"江南"香台

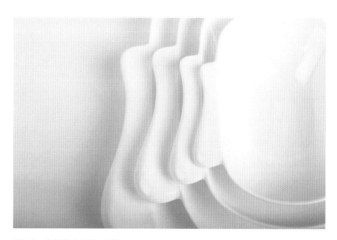

图 11　"大耳有福"套盘

中国平面设计产业竞争力提升路径探析

祝 帅 石晨旭

祝帅 博士、中国艺术研究院副研究员 ／ 石晨旭 青岛科技大学传播与动漫学院讲师

[摘要]

本文基于中国平面设计产业发展历史回顾以及与欧美、日韩设计产业竞争力的比较研究，提出目前我国的平面设计产业的发展处于机遇与挑战并存的环境中，其产业竞争力的提升，迫切需要一个完整、互动的发展体系。而在当前要建立这样一个发展体系，应从以下四个方面努力：制度性要素是近期中国平面设计产业竞争力提升的突破点；技术更新是平面设计产业竞争力提升的一个关键要素；人力资源是平面设计产业发展的重要驱动力；资本是平面设计产业发展与壮大的重要助力。

"平面设计产业"是一个复合的概念，涉及参与平面设计活动的各个环节和各个主体，平面设计产业竞争力即产生于设计产业活动中相互博弈的各个主体之间。中国平面设计产业的发展，亟须吸收借鉴外国平面设计产业发展相关经验，但作为后发展国家，中国平面设计产业还必须密切结合中国市场特点进行本土化探索与理论创新，才能服务于更加广袤的中国城乡大地。在研究方法方面，平面设计产业研究属于描述、解释与预测性研究的结合，应借鉴自然科学、社会科学的研究思路，将定量的、实证的研究方法引入传统的平面设计研究。同时，要从经济学理论与方法角度对中国平面设计产业进行全面的梳理，尤其是对于平面设计艺术的营销调研、产业结构、投资融资、消费心理等研究角度的关注，能够在一定程度上开辟中国平面设计的产业经济学研究视角，以利于今后在产业经济学现有研究成果的基础上，结合中国市场特点考虑建立平面设计产业竞争力评价指标体系的若干问题。当然，这些问题并非一蹴而就的，在研究工作中也应该从基础建设开始积累，扎实推进。在本文中，我们将就中国平面设计产业发展与提升的路径进行框架性的探析，以俟今后的研究者从不同角度深入推进。

一、我国平面设计产业的市场机遇与挑战

改革开放近四十年来，市场经济逐渐活跃、发展起来，中国的平面设计产业外部环境有了巨大的变化。作为社会主义市场经济的一部分，中国平面设计产业从一个隐藏的服务业逐渐发展，形成了产业的性质。进入小康社会之后，市场对文化消费的需求逐渐增强。平面设计产业将在当前经济发展过程中不断获得新的市场机遇。同时，作为一个后发展的新兴市场，中国平面设计产业也将在改革开放的过程中需要通过快速的升级、变革，来迎接其中的挑战。

从机遇方面来说，第一，在宏观层面，中国大的市场环境近年来有很大的改善。2009 年，《文化产业振兴规划》的颁布标志着文化产业已经上升为国家的战略性产业。此后各地政府一系列类似政策的出台表明，在建设文化强国的背景中，文化创意产业的发展受到各级政府的空前重视，平面设计产业的发展拥有非常优势的政策导向。中国作为一个人口众多，消费潜力巨大的"新兴市场"，已然经成为国际设计界竞相逐利的热点。第二，"平面设计"的内涵将随着时

代的传播需求不断拓展，从印刷主导到依存于新媒体互动平台，平面设计不断派生出新兴的门类。所谓的"平面设计终结论"指的是传统上被称为"视觉传达"的旧式平面设计，而新式平面设计应该转型到视觉、听觉等综合感官传达的新平台。第三，在各种设计门类中，中国平面设计体现出了突出的创造性，成为中国各个设计领域中最先达到国际水准的门类之一，近年来屡获国际奖项，受到全世界的瞩目。中国平面设计在创意生产力方面已经达到国际先进水准。第四，中国平面设计教育在 21 世纪以来的蓬勃开展，积累了大量具备专业水准和学术眼光的未来设计人才。以人口基数论，在未来中国平面设计的从业者规模相当可观。

当然，在中国这样一个经济发展呈现出二元结构特征的新兴市场发展平面设计产业也仍然有许多的挑战。通过对欧美与日韩平面设计产业的对比研究，我们已经指出中国平面设计产业的主要问题在于：首先，与发达国家相比，中国平面设计产业缺乏自觉的发展规划，有"行业"而无"产业"，有"自发"而无"自觉"，这在极大程度上制约了产业的规模。"二元结构"下发展平面设计产业既要重视区域发展差异又要有国家层面的广泛重视，尤其是政策引导和教育，唯有国家的力量才能将落后的平面设计产业提升到中国巨大经济体所需要的水平。其次，平面设计产业链没有形成，只有业内学术层面的交流沟通，而没有产业层面的制度联合。此外，传媒制度的改革将利于平面设计产业的发展，但目前相关政策制定和管理部门尚缺乏在两者之间建立有效的连接。再次，与少数取得国际水准、国际眼光的优秀设计师相比，全国平面设计师群体中也夹杂着大量缺乏专业水准与职业道德的害群

之马，抄袭、山寨成风，庸俗创意大有市场，"零代理"、"免设计费"等现象破坏行业规则，伤害了平面设计师的利益。只顾眼前利益，缺乏精品意识。最后，平面设计产业需要国家相关部门的统筹、管理，但目前我国的平面设计产业或者说设计产业仍然没有明确的行业主管部门。同时，成熟的全国平面设计行业组织也仍然处于缺失的状态。

除了上述中国平面设计的行业特殊性问题，平面设计行业作为一个整体，在新媒体的冲击下，在国际范围内也面临着下滑的趋势。平面设计正在从当年的"朝阳产业"逐渐变为今天的"夕阳产业"。本文无意于预测平面设计的"大限"，只是提醒我们注意到中国平面设计产业现阶段正处于一个机遇与挑战并存的时代，尚具备发展壮大的可能性。在这一时期，平面设计的产业化发展将成为整合与提升平面设计产业竞争力的关键。将平面设计作为一个产业来研究并且提出发展对策，将有助于改善平面设计行业松散、弱小的现状，有助于发现产业发展的驱动力，抓住机遇，解决问题，赢得飞跃。

二、欧美经验与日韩经验对中国平面设计产业的启发

根据波特的钻石模型，"产业竞争力是由生产要素、国内市场需求、相关与支持性产业、企业战略、企业结构和同业竞争等主要因素，以及政府行为、机遇等辅助因素共同作用而形成的"。[1] 首先，在生产要素层面，欧美、日韩国家都能够将本民族丰富的文化资源、设计素材应用到平面设计产业的发展中。尤其作为先发展的欧美文化国家已经成功占据这一行业

语言的先机。而后发展的日韩，包括中国，都将在学习以欧美设计风格为主的国际化设计潮流中逐渐走出自己的路线。其次，根据新古典主义经济学研究，市场机制能够优化资源配置。欧美的市场经济发展及其对平面设计专业服务的需求为其现代平面设计产业的发展提供了坚实的市场基础。因此我们可以看到，随着我国改革开放的不断进展，市场经济发展的程度越高，市场竞争越充分，国内市场对平面设计专业服务的需求就会越强烈。我国的企业要在市场竞争中获得优势地位，就必须像以欧美企业为主的世界五百强一样重视平面设计的应用。欧美的产业发展历史给我们平面设计产业发展的前景带来信心。第三，欧美相对成熟的版权保护和整个社会的版权意识，使相关产业给予平面设计这项工作的价值以充分的认可。因此平面设计产业充分发挥了辅助其他行业营销传播的作用。第四，根据本文对微观层面企业层面的研究，以平面设计服务为主的企业需要明晰发展路线，找到自己的核心竞争力，在"做大做强"和"术业有专攻"两条道路上进行选择，避免"高度弱小，高度分散"。优秀设计企业和设计师品牌的打造有利于带动整个行业的发展。此外，美国同业尽管各自处于不同的市场区域，但仍然形成了全国统一的、活跃的行业联盟组织。第五，政府行为方面，对于欧美市场经济发达的地区来说，政府以创造宽容开放的环境和提供公共服务支持为主，对产业的引导和支持作用并不是特别直接、突出。但是以英国为代表的政府支持文化创意产业发展的这种政策环境的确促进了平面设计产业的发展。钻石模型的最后一个因素是"机遇"。显然欧美、日韩的平面设计产业都是在其经济起飞的时候同时繁荣起来的。因而中国改革开放三十多年的经济飞跃也需要同样蓬勃发展的平面设计产业，尤其是当前我们

又有全球化的机遇。因而当前迫切需要的是提升中国平面设计产业竞争力，以争取对外出口，获得国际市场，避免成为全球化时代发达国家平面设计产业的"殖民地"。这对中国平面设计产业来说既是挑战也是机遇。

日本、韩国产业发展的经验对我国平面设计产业竞争力的提升带来的思考则与欧美经验不同。这两类先发展和后发展国家在产业发展方面的经验拥有共同的因素，如需求旺盛的市场、良好的教育系统等，但是在许多方面因为社会发展的程度、方式不同，其平面设计产业发展经验也仍有较大的区别。发展经济学从"结构—制度—要素"等层面入手，指出发展中国家目前面对的主要问题仍然是结构的不均衡和结构的调整转换，在这个过程中，各个行为主体尤其是政府的行为方式，对于经济发展的作用非常重要。20世纪后期起，战后的日本和60年代的韩国经济都快速起飞。与中国相比，日本、韩国的国家面积小，经济结构相对比较简单，有利于他们迅速地调整恢复经济，建立良好的经济产业结构。这是日韩平面设计产业发展的重要机遇。印刷、广告等上下游产业的发展为平面设计产业的发展打下了良好的根基。而中国社会发展阶段和中国特色社会主义市场经济的环境具有特殊性。改革开放后中国的市场呈现城乡二元结构发展，同时国家面积大，经济发展程度不同，结构复杂，因此中国平面设计产业的发展相对混乱和缓慢。

但是日韩在针对自身经济结构特点制定相应发展策略方面，为中国平面设计产业带来启示。根据新经济学的研究成果，制度在经济运行当中起着非常重要的支撑作用。新经济学的奠基者道格拉斯·诺斯认为

"制度变迁决定了人类历史中的社会演化方式,因而是理解历史变迁的关键"。制度(institutions)基本上由三个部分构成:"正式的规则、非正式的约束(行为规范、惯例和自我限定的行事准则)以及它们的实施特征(enforcement characteristics)。"[2] 在制度性要素的促进作用方面,日韩与欧美有着截然不同的经验。日韩可以说走了计划和市场相结合的一条道路,通过其政府政策、法律法规、行业管理等制度性要素的发力,对后发展的平面设计产业进行了充分的支持。日本和韩国政府不仅在国家策略上十分重视文化产业,并且明确通过国家政策和法律法规支持设计产业的发展,如《设计产业振兴法案》等。这些国家策略同样影响到整个社会对平面设计产业的重视与认可。相关政府部门也通过政府直接管理或者成立特别项目组的形式来对行业发展计划的实施予以保证。在行业管理方面,日本和韩国同业组织能够建立良好的同业竞争和合作平台。平面设计产业内部既有依靠企业的依附性发展模式,也有独立工作室自由竞争发展模式。此外,日韩重视教育质量,抓住国际会展等机遇,打造知名设计品牌和设计师品牌这些因素也成为设计产业的重要驱动力。

日本和韩国同样属于经济史上"东亚奇迹"的一部分,根据相关研究"东亚奇迹"范围内的国家具有一定的共同特性,比如都是二战之后才发展起来的现代经济体,同时政府在经济起飞的过程中所起到的重要的调控作用,在资金、技术、管理、体制方面都具有一定的后发优势。[3] 所以相对于欧美经验而言,同属于后发展经济的中国可以适当借鉴日韩经验。我国经济呈现出一种新兴市场的特征,全球化的科技支持、文化交流促进了我国经济的快速发展,在短时间内获得了发达国家经过几十年所积累的经济成果。与此同时,我们的许多文化产业并没有取得对应的成就,这种现状就不能仅仅依靠市场机制来进行调节。政府在这一时期的引导和支持具有重要的意义。

三、当前中国社会环境下平面设计产业发展路径探讨

首先,发展我国平面设计产业是社会主义市场经济的需求。恩格斯认为,人的需求有三个层次,生存需求、享受需求、发展需求。马斯洛认为人的需求分为生理需要和心理需要,并且由低到高分为五个层次。因此,人的需求是随收入水平的提高而逐层递进上升的。"恩格尔定律"所反映的也是这一规律,当人们的收入水平提高,人们在食物等方面的消费比重就会下降,消费结构会发生变化,转向耐用品消费和旅游、娱乐、传媒等服务性行业的发展。目前中国经济总量居世界第二,人均 GDP 为六千多美元。这样的经济体对于文化消费的需求将会是非常庞大的。而相关研究表明在今后相当长时间内,我国文化市场一直呈现一种"战略性短缺"。[4] 平面设计产业作为文化产业大范畴下的一部分,且是并未完全发挥市场潜力的行业,仍有非常巨大的市场空间。其次,随着市场经济的发展和人们生活水平的提高,人们对平面设计产业的需求将呈现出多样化的特点。我国市场城乡二元结构特征明显,经济发展水平东西不平衡,内陆地区与沿海地区也不平衡。这些不同发展程度的市场对平面设计产业有不同的市场需求。目前市场的消费者群体也呈现出"碎片化"的特征,因而这些为平面设计产业提出了多样化的服务要求。再次,在东部沿海等经济发达地区,对平面设计产业的需求向高阶段演进。

全球化竞争的时代，我国市场需要更加专业、高品质、个性化的平面设计服务。因此，提升平面设计产业竞争力是市场经济的需求。当前中国经济、社会环境下的平面设计产业亟须整合成为一个完整的产业，从产业的角度去研究发展路径。结合市场需求，本文接下来将从制度、技术、人力资源、资本四个方面探寻中国平面设计产业竞争力提升的路径。

首先，制度性要素是当前中国平面设计产业竞争力提升的一个突破点。中国要发展平面设计产业，必须要做到"官产学"三方的结合。在这个系统中，中国政府政策、法律法规、行业规则所起的作用非常巨大。在改革开放、社会主义市场经济初期，政府出台强有力的政策是平面设计产业发展所必需的保障。在这里并非说市场机制对平面设计产业发展的刺激力度不够。事实上，市场经济为平面设计产业提供了非常巨大的空间，现代市场中的任何行业都需要平面设计产业的服务和支持，只是这些行业不一定能对平面设计产业的重要作用有充分的认知。平面设计产业的发展也在不断进展，只是在经济、社会具有特殊性的大背景下，平面设计产业需要跟随我国经济超速发展的脚步，发挥后发优势。在这种情况下，良好的制度支持就是非常迫切和必要的。

平面设计产业要发展，首先需要的是确定平面设计产业的主管部门。主管部门要摆脱管理思维，并非要事无巨细地进行行业管理，而是重在提供公共服务。其主要功能在于统计行业数据、引导行业发展、培养良好的社会环境。主管部门可以是在文化产业旗下成立的项目组，负责牵头通过多种形式从国家、政府层面认可平面设计的价值，由此引导社会公众对平面设计价值进行充分的认识，塑造成熟的社会环境。作为文化创意产品，平面设计的附加值高于产值。中国市场需要建立新的共识，以对标志设计、海报设计等平面设计工作背后的知识价值和投入进行合理的定价。此外，管理部门的重要工作之一是统计行业数据，为行业分析提供材料，为行业发展提供参考。行业统计数据是平面设计产业主体性形成，成为市场经济组成部分的需要。其次，法律法规方面要对平面设计产业给予充分的保护。平面设计产业属于版权产业、专利保护法的保护对象之一。平面设计产业的产品具有快速、无形、多样化的特征，因而在相关审查批准方面还需要提高速度以适应市场经济的快速成长。再次，行业规则要具有一定的灵活性。平面设计产业具有隐藏性、分散性，还没有形成产业规模。因此广泛的、有效的行业协会，如中国平面设计协会等是非常必需的平台。通过行业协会打造的行业公共空间，促进全行业各企业、设计师的交流，促进新技术的扩散和应用，同时加强国际交流与合作。

第二，技术将是平面设计产业竞争力提升的一个关键要素。熊彼得认为技术创新就是"建立一种新的生产函数"，即把一种从来没有过的生产要素和生产条件的新组合引入到生产体系中去。具体表现包括：引进新产品；采用新技术或者新的生产方法；开辟新的市场；控制原材料的新供应来源；引入新的生产组织形式。[5] 相关实证研究表明，在改革开放以来的三十年中，我国经济增长中技术进步的重要力量逐步显现出来。虽然产业结构变迁对中国经济增长的贡献一度十分显著，但是随着市场化程度的提高，产业结构变迁对经济增长的贡献呈现不断降低的趋势，逐渐让位于技术进步，即产业结构变迁所体现的市场化的力量将逐步让位于技术进步的力量。[6]21世纪中国传媒环境发生了非常巨大的变化，以互联网为代表的新媒体技术改变了传统传媒环境。以电视、报纸、杂志、广播为代表的传统媒体开始与以互联网为代表的新媒体进行融合。人们的阅读习惯也从纸媒转移到电子媒体。报纸、杂志纷纷推出电子版客户端。户外媒体也不再是简单的招牌，也变成了电子展示牌。传统媒体在上个世纪后期的兴盛为平面设计带来巨大的市场需求，很好地启发了平面设计产业的萌芽。在新媒体兴起的当下，平面设计产业需要及时采用新的技术形式进行创作和生产，并且调整生产组织形式。但是在这样的媒体环境下，平面设计的内涵也将发生改变，不再仅仅是原来的"纸上谈兵"，而将加入各种电子、信息技术，在软件、硬件的支持下成为多媒体展示的一部分。因而接下来中国平面设计产业要做的是在原有平面设计的概念中增加更加丰富的内涵。

另外，平面设计产业应该建立自己的技术考核体系。赖特认为，技术在社会地位变量中，是一个单独的变量。技术变量对社会地位变化的影响既与制度有关系，也与历史机遇有关。比如，医生在欧美的地位很高，收入比教授高很多，其实医生的技术含量与教授是相似的。有人研究证明，医生是最先建立专业协会的，建立协会之后就有了证书制度，实现了技术垄断，别人再进来要经过协会的批准，于是地位就变高了。而教授的分级比医生晚得多。所以，技术本身是重要的，但机遇也很重要。[7]因此目前众多设计比赛，也不能比而不赛，应该逐渐建立权威评价体系，将平面设计专业技术化，尝试专业资格认证。技术应该成为衡量平面设计从业者的重要标准。平面设计行业应该形成一个资格认证系统，对设计师的专业水平

进行考核，做出相应等级的判断。这个技术考核系统将有助于平面设计师明晰职业前景，有利于平面设计产业人才的培养和深造。平面设计的定价体系也将考虑平面设计师的技术水平因素。在设计软件发达、全民设计的时代，根据技术资格定价将有利于平面设计产业形成良好的行业定价体系，也有利于平面设计师社会地位的提升。

第三，人力资源是产业发展的重要驱动力。根据我国平面设计专业的教育现状，当前我们最应该做的是改变教育思路，搭建平面设计专业人才教育的科学体系。一方面，教育与研究同时发展，实务与理论教育并行。教育与研究是高等教育机构的两项重要职能。对于平面设计产业来说，教育本身所提供的人才资源十分重要，是这个行业发展的基础。但同时产业发展需要加强对平面设计的研究工作。通过对各个数据库的文献检索可以发现，目前关于平面设计产业研究的成果少之又少。客观严谨的调查研究，可以帮助行业发展，起到启发、批评、建设等非常巨大的助力作用。研究与行业应该进行良好的互动。学者不是学术衙门、纸上谈兵的军师，当然也不是学者型商人，因而不能把自己禁锢在小小的学术圈子里面。以设计史研究见长的西方学者及其"Graphic Design History"等国外有关研究也确认，是实务界和学术界的实践共同构成了平面设计的历史。[8]所以，这两个方面是缺一不可的，研究与实务双方都不能各执一端。

另一方面，高等教育与社会培训相结合。以本科教育为代表的高等教育是平面设计教育的重要组成部分。本科教育需要更加重视人文素养的根基，应该更多地意识到平面设计师需要的不只是专业技巧方面的

教育。出色的平面设计师需要一个完整的知识体系，包括：平面设计专业技术教育、平面设计产业管理教育、法律等社会通识教育、人文知识的积累，以及广博的见识等。相对完整多样化的知识背景将为平面设计师增加创意的源泉，才能做出符合具体需要的、恰当的、优质的设计。同时，设计师的职业发展也更加广泛，可以进行相关的管理工作。至于研究生阶段的教育需要提升量化研究的教育。平面设计方向的研究将来还要更多地进行实证研究，多做调研，用更加客观的标准来衡量平面设计。在此要强调的是，法律法规的通识教育。平面设计属于文化创意产业，也属于版权产业的一部分，所以必须对知识产权等相关的法律法规有一定的了解，否则可能产生侵权、维权方面的漏洞。如果说这样设计师是否会需要学习得太多，现在已经不是那个刚刚启蒙的时代，许多行业问题将会一一得到解决。而这种进步就是依赖设计师，乃至全民的学习进步。在高等教育体系之外，行业协会等组织还需要建设社会培训体系，提供给已经就职的设计师一个提升的空间和环境，帮助他们获取新的传媒技术，提高设计能力和专业水准。

第四，资本要素对平面设计产业的推动作用着眼于未来。随着我国市场经济程度不断提高，资本要素对各个产业的发挥的作用将越来越大、空间也将越来越大。根据广告行业等相关行业对资本的应用和研究，资本这一要素将在平面设计的产业化过程中逐步发力。资本在促进平面设计企业发展壮大和集团化方面可能会起到有力的推动作用。如 WPP 集团近些年来一系列的收购、扩张活动。[9] 在这样的背景下，我们要在边际效益最大化的基础上，加强对资本的吸收和利用，来扩大平面设计企业的规模。此外，在资本的驱使下，具有一定规模的设计公司也并非没有尝试集团化发展以及上市的可能。

结 语

综上所述，平面设计行业在新媒体冲击之下的危机是全球性的，但平面设计自身也的确在不断拓展，不同国家、不同产业发展阶段的平面设计也还存在着不同的可能。对于理论界来说，当务之急不是停留在"平面设计是否终结"一类的概念辩论上，而是引入经济学的视角与方法，踏实地进行基础理论研究和应用学科建设，推动贴近行业本体、产业发展的实务性研究。这是因为，目前我国的平面设计产业的发展处于机遇与挑战并存的环境中，其产业竞争力的提升，迫切需要一个完整、互动的发展体系。而在当前要建立这样一个发展体系，应从上述诸多方面努力，完成制度改革、技术更新、人力资源建设、投资融资探索等方面的整体革命，从而全方位地提升中国平面设计产业的品牌和核心竞争力。

本文是文化部艺术科学研究项目"中外平面设计产业竞争力比较研究"（立项号 11DH25）和山东省艺术科学重点课题"中外设计艺术产业竞争力比较研究"（立项号 2013375）的研究成果。

[注释]

[1] [美] 迈克尔·波特：《国家竞争优势》，李明轩、邱如美译，北京：中信出版社，2007 年，第 21−43 页。

[2] [美] 道格拉斯·诺斯：《制度、制度变迁与经济绩效》，上海：上海人民出版社，2008 年，第 6 页。

[3] 刘伟、蔡志洲：《东亚模式与中国长期经济增长》，《求是学刊》，2004 年第 6 期。

[4] 肖弘弈：《中国传媒产业结构升级研究》，北京：中国传媒大学出版社，2010 年。

[5] 熊彼得：《经济发展理论》，北京：北京出版社，2008 年。

[6] 刘伟、张辉：《中国经济增长中的产业结构变迁和技术进步》，《经济研究》，2008 年第 11 期。

[7] 李强：《中国非正规经济（上）》，《开放时代》，2011 年第 1 期。

[8] Teal Triggs, "Graphic Design History: Past, Present, and Future", *Design Issues*, Winter2011, Vol. 27 Issue 1, pp. 3−6.

[9] 陈刚、孙美玲：《结构、制度、要素——对中国广告产业的发展的解析》，《广告研究》，2011 年第 4 期。

建筑理想与城市的未来

周 博

中央美术学院设计学院教师

[摘要]

中国正在经历历史无前例的城市化进程。大量的劳动力涌入城市而带来的住房短缺，以及新增城市人口与城市规划和可持续发展之间的关系等问题，给当代中国的建筑和设计提出了巨大的挑战。本文认为，城市化设计的核心不是"美化城市"，而是"人的真实需求"，尤其是新增城市人口在"落脚城市"的过程中所产生的"真实需求"。首当其冲的当然是居住问题。在漫长的中国城市化进程中，一定会伴随着巨大的城市空间变革、人群关系调整和环境的协调适应。如何在这个变革中，在保存以往合理之处的同时，开拓新的栖居可能，是很重要的，这需要建筑师、城市规划专家和设计师协力思考。他们作为一个能与多学科共事、具备跨学科思维并能够与政府、社会学家、环保专家进行积极互动的人群，作为未来城市"蓝图"的设计者或专家成员，负有重大的社会责任。

"在生活面前，有些人不能无动于衷；相反，他们是生活的积极参与者。"[1]

——勒·柯布西耶

国家统计局的数字显示，2002 年至 2011 年，中国的城镇化率以平均每年 1.35 个百分点的速度发展，城镇人口平均每年增长 2096 万人，2011 年的城镇人口比 2002 年增加了近 1 亿 9 千万。以这个数字为基础，中国发展研究基金会发布的《中国发展报告 2010》称，在未来二十年，中国每年将有 2000 万农民向市民转变，也就是说，约有 4—5 亿农民在未来的二十年要变成城市居民。[2] 毫无疑问，中国正在经历史无前例的城市化进程。这个过程将对中国当代的国土资源、国民教育、医疗卫生、社会保障、住房系统、生态环境等各个方面构成巨大的挑战和冲击。在这个滚滚的历史洪流之中，我想，有个问题可以提出来讨论，即作为一种不断发展的智慧模式，一种被认为能够为人类社会的存在和发展问题提供解决之道的方式与策略，建筑设计能有何种作为？

《圣经》里说"太阳底下无新事"，的确，当今中国的建筑师所面对的复杂现象和问题，历史上并非从未出现过。尤其是导致 19 世纪末 20 世纪初欧洲社会动荡的住宅恐慌问题，今天在中国似乎又在重演。当时，革命导师恩格斯在《论住宅问题》（1872）和现代设计的先驱、社会主义者威廉·莫里斯在《乌有乡消息》（1891）里给出的答案都是"革命"，然而即使革命成功也解决不了迅速增长的无产阶级和城市贫民的住房问题。后来以埃比尼泽·霍华德、勒·柯布西耶、格罗皮乌斯、汉斯·梅耶等为代表的建筑师和城市规划专家们则提出了有卫星城的"田园城市"和能够大批量廉价建造的单元宅楼的概念，从建筑设计的角度一定程度上解决了欧洲城市住宅短缺的问题。有些国家的社会稳定很大程度上也受益于这些设计思考。[3] 比如，20 世纪 30 年代的瑞典，现代主义平民住宅设计中所蕴含的那种社会关怀与瑞典社会民主党"人民之家"的概念一拍即合，社会民主党结合现代平民住宅设计的实践经验提出了一种社会性的住宅供应政策，这成为帮助其在 1932 年获得权力，并开始了长达半个多世纪之久执政生涯的一个关键举措。[4]

这种民主主义的设计原则也逐渐成为北欧设计思想的核心。

在中国，由于大量的劳动力涌入城市而带来的住房短缺问题，以及新增城市人口与城市规划和可持续发展之间的关系，近些年也越来越受到重视。这个问题也非中国独有，而是许多处在工业化过程中的发展中国家都在面临的问题。最近，加拿大记者道格·桑德斯(D. Saunders)出版了一本名叫《落脚城市》(*Arrival City*)的著作，讨论人类的迁徙与城市的未来问题。通过他的描述，我们看到全球三分之一的人口已经或正在从乡村转移到城市。他用"落脚城市"这个概念来指称当今世界具有世界性的城市化进程。他认为，到21世纪，人类将成为一个完全生活在城市里的物种。他们回不去故乡，也离不开城市，他们必须在城市扎根。而这种迁徙的终点，就是成为中产阶级，只有这样，迁徙者才会有归属感，而城市也才能长治久安。[5] 桑德斯的见解从理论上是说得通的，但事实上是非常理想化的，譬如，到底有多少移民最后能成为城市中的中产阶级，这很难讲。而且，桑德斯过于相信城市，他对中国的农村以及农村与城市之间的关系也缺乏研究，我曾经写文章支持"三农"学者贺雪峰的观点，他反对历史学家秦晖关于在城市中设立"贫民区"（实际"贫民窟"）的激进的城市化观点，认为中国的农村是中国现代化的缓冲地带，或者说是蓄水池，当中国遭遇到经济危机的打击，农民可以回到农村，而不至于使城市受到绝望的威胁。我认为，贺雪峰的观点更加稳妥，更加符合中国的国情。[6] 而且，我要补充的是，厌倦了城市生活的人也可能回到农村，发展新型的绿色农业和乡镇经济，这在当今中国经济相对较发达的一些地区已经成为许多人的选

图1 广州城市一瞥。居民住宅从内到外越来愈高、越来越密，这是中国城市化迅速发展的典型视觉特征之一。

图2 建筑师 Luyanda Mpahlwa 等为南非开普敦自由广场附近的流动社群设计建造的"10×10沙袋屋"。人们之前住的是用废旧材料做的窝棚，而沙袋屋则是木框架、沙袋填充的低成本两层住宅。这些住宅为流动社群带来了尊严，也为解决迫切的城市住宅需求问题提供了一种设计方法。

择。桑德斯只看到单向的流动，没有看到双向的流动。但是，目前来看，城市化的确是历史发展的主要方向。

如果我们提出要研究和探讨"建筑设计与中国的城市化"这个议题，那么，我们要首先要明确，城市化设计的核心不是"美化城市"，而是"人的真实需求"，尤其是新增城市人口在"落脚城市"的过程中所产生的"真实需求"。首当其冲的当然是居住的问题。事实上，中国在两千多年前就有了"安居乐业"的思想（《汉书·货殖列传》），现代的北欧人也有这样的说法："福利从住宅开始，以住宅结束。"可见，住宅问题一定是与一个社会的长治久安、可持续发展紧密关联的。美国的库珀–休伊特国家设计博物馆曾经做过一个展览"与另外 90％ 的人设计：城市"（Design with the other 90％：Cities），汇聚了许多与居住相关的建筑设计实验。[7] 那么对于中国来说，这 90％ 的人在哪里？我想，首先是刚刚就业的年轻人和大量进城务工的农民工，后者的生存状况事实上就相当于 19 世纪末欧洲的产业工人。尽管他们现在的生存状况不尽如人意，但他们是中国城市真正未来的希望，也是城市的管理者和设计者要首先考虑的人群。现在城市中针对这些人群的住宅，主要是建在荒郊野外或铁路、垃圾处理厂旁的廉租房，其基本的形式就是现代主义者为欧洲当年的产业工人发明的平民住宅。显然，很多时候，政府并没有从城市规划的角度充分考虑廉租房住户对交通、医疗、教育等配套服务的现实需求，不过人们似乎还可以等待和忍受。但在设计的问题上，竟然有一位著名的经济学家提出，为了穷人的利益，建廉租房单元不应该配有厕所，这就让人匪夷所思了。这反映出，许多中国的"专家"都没有居住标准的意识，而这种标准的背后是对家庭的生活尊严的关注。欧美各国都有最低住宅标准，一般都要求具备寝室、厨房、卫生间、浴室等功能空间，并有最低面积标准。当别国专家在讨论标准面积大小的时候，中国的一些"公共知识分子"却在讨论廉租房要不要厕所的问题，这岂不是一个鄙陋的笑话吗？ [8]

日本建筑学者早川和男多年前就提出了"住宅福利论"，他主张要"把住宅问题当做国家、社会的首要问题来看待"，"一个普遍的安全、适用的住宅和居住环境是社会稳定的最基本条件"，他认为居住是社会应该保障的一项基本人权和福利，任何人都有在适当的居所里居住并持续居住的权利，任何人都不应该受到居住歧视，而且人们还应该拥有参与居住政策的策划和制定的权利。[9] 我非常赞同早川和男的主张，他的主张针对所有的住宅设计，廉租房当然也适用。尽管这些主张对于许多新增城市人口来说还显得有些遥远，但是这个大的方向无疑是正确的。

当然，不平等是客观存在。今天的中国据说已经被分成了"有房阶级"和"无房阶级"。城市的既得利益者与新涌入城市的外来人口之间产生了众多的矛盾，其中的主要矛盾之一就是居住问题。所以，如果我们今天谈"建筑与公民社会"，舍弃居住问题不谈就是舍本逐末。不要以为城市化的结果一定是"大国崛起"，一定是现代化的成功。如果在城市设计中，最终形成穷人和富人之间在空间和地段上的两极分化，年轻的"外来人"找不到城市的归属感，最终对城市产生恐慌和绝望，那么城市化的另一种可能，就是加剧阶层矛盾，引发社会的动荡与不安。前些年，法国和英国的城市骚乱是前车之鉴，尽管原因各有不同，但未必不会在中国发生。即使不发生社会性的"群体事件"，由于住宅缺乏和拥挤而引发的社区"贫民窟化"也会导致大量的生理和心理问题，而这些问题肯定会对社会产生重大影响。一些西方学者曾对动物在重压和极其拥挤的条件下会做出什么反应进行了研究，他们发现在许多动物身上都会产生这样一些问题：心脏和肝脏脂肪变性；脑出血；过度紧张；动脉硬化并引起中风和心脏病；肾上腺衰竭；癌症和其他恶性增生；眼疲劳；青光眼和沙眼；极其冷漠，无精打采，不与社会接触；高堕胎率；母亲不养育他们的幼儿；思春期极度乱交；非正常性行为增加，等等。其共同点是由于过度拥挤而导致的压力综合症，相同的行为模式在集中营的同宿和囚徒身上也有体现。美国学者约翰·卡尔霍恩（John Calhoun）将之称为"病态聚居"（pathological togetherness），如果人群愈发拥挤，这类问题也会变得越来越严重。其实，在今天的印度、中国等人口众多的国家，许多令人匪夷所思的人性变态和道德困境，究其原因都与城市的过度拥挤和住宅缺乏密切相关。本应该起到正面作用的建筑和环境设计，有的时候结果恰恰相反，维克多·帕帕奈克（Victor Papanek）曾指出，在一些西方国家，"'都市更新'和'贫民窟清洁'项目使得少数民族聚集区越来越变得硬如磐石一块，这给那些被迫住在那里的人带来了大量危险的社会性后果。跟在每一次都市更新计划之后的是自杀、精神错乱、侵犯、强奸、杀人、过量的服用毒品和对于正常性规范的背离。"[9] 在当代中国，这个问题显然更加严重，在巨大的商业利益的驱动之下，许多建筑师和城市规划专家正在成为无良开发商的帮凶，利益冲突在城市和乡村几乎每天都在上演。但是，普通公民除了咒骂之外，只能感受到从"义愤填膺"到"麻木不仁"的过程。失望与不安日益积聚，这对于中国社会的发展显然是非常不好的因素。

图3　日本建筑学者早川和男制作的"住宅是福利的基础"示意图

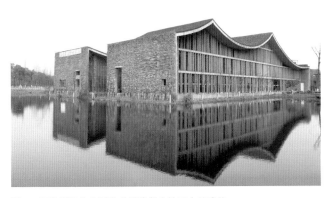

图 4 王澍设计的中国美术学院象山校区中的建筑

桑德斯说,这个时代的历史,有一大部分是由漂泊无根之人造就的。这个说法没有错,但是人们要清醒地看到,漂泊无根之人所创造的历史并不都是积极的,这取决于城市如何对待他们。如果要桑德斯所说的"落脚城市"成为未来成功的社会实践,那么需要多方面的努力,建筑师和设计师必须创造出切合实际的方法与理论构想。政府与建筑师不要以为是在为另外一个族群解决问题,解决工人的问题就是解决我们所生存的这个城市的问题。我们可以把这种设计工作理解为一种人类学家马塞尔·莫斯(Marcel Mauss)所说的"馈赠"行为,[10] 但我们要明确,馈赠不是施舍,它永远是双向的——城市馈赠给新增人口居所,让他们安居乐业,而城市自身则获得活力、稳定与发展。

事实上,在中国的城市化过程中还面临着许多与居住问题有关,但又牵涉更多方面的问题。比如,如何使近些年大量修建的城市住宅在几十年后不成为自然环境的拖累?如何处理城市的历史文化遗产和日常生活之间的关系?如何处理人口的老龄化与城市规划和建筑设计之间的关系?事实上已经大量存在的"小产权房"在未来的城市发展和规划中到底应该怎么处理?如何从设计的角度合理地安排和规划"城乡结合部"和"城中村"的问题,是不是把人们围起来、架上监视器就能解决问题?如何处理城市内部因为区域分化和建筑而形成的空间上的贫富差距问题?等等。我想,可以从哲学的角度,把这些问题笼统地称为"栖居问题"。无疑,在漫长的中国城市化进程中,一定会伴随着巨大的城市空间变革、人群关系调整和环境的协调适应。如何在这个变革中,在保存以往的合理之处的同时,开拓新的栖居可能,是很重要的,这需要建筑师、城市规划专家协力思考。有些建筑师已经进行了一些尝试。比如吴良镛先生主张的"人居环境科学"和他在 1980 年代主持的菊儿胡同旧城改造项目。再如，王澍先生做的以中国美院象山校区和杭州钱江时代小区为代表的城市理想和住宅设计实验。显然，他们的设计思想和尝试都非常有价值。但是，在我看来，两者的居住建筑实验基本上还是朝着"诗意的栖居"这个方向努力的，是建立在现有的城市居民居住水平之上，可以说是中产阶级以上的栖居思考，而不是针对城市贫民和新增人口的。而且，他们的文化理想，一个基于有机建筑的传统和北京的胡同，一个基于中国传统的文人士大夫趣味和江南的庭院文化，但是中国这么大，他们的这些想法未必放之四海皆准。问题是，除了他们之外，中国的建筑师能不能根据各地不同的情况提供更多的栖居理想和实践选择。尤其是针对城市化和新增城市人口的居住问题，我们需要更多建立在大量的经验数据分析基础之上的，综合社会学、心理学和环境科学等多视角的栖居思想。

当然，城市化所带来的诸多问题，不是只靠建筑师就能解决的。但是建筑师、规划专家和设计师作为一个能与多学科共事、具备跨学科思维并能够与政府、社会学家、环保专家进行积极互动的人群，作为未来城市"蓝图"的设计者或专家成员，负有重大的社会责任。尽管我们不必像勒·柯布西耶那样，把"建筑"理解为一种宽泛的含义，使之囊括三维和二维空间的众多领域，但建筑思维对于人类生活方方面面的影响的确是广泛的。今天这个时代，是一个建筑师干不完活的时代，建筑师不缺设计实践的机会，但是缺乏基于建筑理想的系统、科学的栖居思想建构，缺乏面对真实世界的勇气和应对未来挑战的策略。建筑设计的意义到底是什么？建筑为了什么而存在？没有这个层面的思考，"热闹的"建筑实践就没有目的和归宿。

[注释]

[1] [法] 勒·柯布西耶：《模度》，张春彦、邵雪梅译，北京：中国建筑工业出版社，2011，第 7 页。

[2] 新华网《城镇化浪潮下谁来养活中国？》，参见：http://news.xinhuanet.com/politics/2013-03/03/c_114867331.htm（2013 年 9 月 1 日登陆）。

[3] 周博：《设计为人民服务》，《读书》，2007 年第 4 期。

[4] Denise Hagströmer, Swedish Design, Stockholm: The Swedish Institute, 2001, p.43.

[5] [加] 道格·桑德斯：《落脚城市：最后的人类大迁移与我们的未来》，陈信宏译，上海：上海译文出版社，2012。

[6] 周博：《人道的栖居》，《读书》，2008 年第 10 期。

[7] Smithsonian & Cooper-Hewitt, National Design Museum, Design with the others 90%: Cities, New York: Smithsonian Institution, 2011.

[8] [日] 早川和男：《住宅福利伦：居住环境在社会福利和人类幸福中的意义》，李恒译，北京：中国建筑工业出版社，2005。

[9] 引文和相关研究参见 [美] 维克多·帕帕奈克：《为真实的世界设计》，周博译，北京：中信出版社，2013，第 25 页，第 221 页。

[10] [法] 马塞尔·莫斯：《礼物》，汲喆译，上海：上海人民出版社，2002。

基于"美丽云南·新丛林生态"区域发展战略策划的基础调研：以云南德宏州三台山乡出冬瓜村为例

万　凡

云南艺术学院设计学院艺术设计学系主任

[摘要]

早期的城镇化模式太集中，使我们面临着资源短缺、环境脆弱、人与自然不能和谐共处等诸多问题。这决定着我们必须探索一种未来城镇化发展的新模式，使城镇化发展更加合理化、多样化，特别在民族文化多元化的背景下，避免集中居住模式带来的矛盾。云南艺术学院开展创意活动已有十年，2013 年的创意活动以"新丛林生态"为战略观念，以"创意云南"为活动主旨，我们根据自身条件，对云南省山区的少数民族开展了基础性的研究调研活动。本文选取笔者所在的"生活方式"分项目调研活动为案例，以云南省德宏州三台山乡的一个小型自然村落为样本地点，对德昂族的生活样态进行田野考察。通过调研活动，我们希望能够进入到"丛林新生态"区域发展战略策划里，领悟人类生活方式的多样性，尊重不同的生活方式。也希望这些调研成果可以帮助我们贯彻落实可持续发展观，积极稳妥地推进城镇化进程，加速城镇化的发展，深化改革，为城镇化的健康发展提供思想保障。

[缘起]

城镇化是经济社会发展的必然趋势，也是工业化、现代化的重要标志。中国正处在城镇发展的关键时期，可以预计，在未来的一二十年里，城镇化将推动几亿农民告别土地，成为新的城镇居民，从而引发中国社会结构根本性的变化，中国近千座城市以及广大农村的政治生活、经济生活、文化生活及自然生态环境也将随之发生巨大的变化。

在过去的几十年里，特别是改革开放以来，我国在积极推进城镇化的进程中，取得了举世瞩目的成就。同时，也面临着许多问题。特别是早期城镇化的模式太集中，使我们面临着资源短缺、环境脆弱、人与自然不能和谐共处等诸多问题。这就决定了我们必须立足国情，坚持走中国特色化的城镇发展道路，寻找到一种未来城镇化发展的新模式，使城镇化发展更加合理化、多样化，特别在民族文化多元化的背景下，避免集中居住模式带来的矛盾。

回首往昔，云南艺术学院设计学院依托云南多元民族文化和丰富的自然资源相结合的特色，展开了一系列的校地合作的"主题创意实践"活动，已有十年之久。这十年来，我院师生共同努力，创作了许多优秀的作品，取得了瞩目的成就。可是纵观过去的创意活动都是集中在局部、造物与改良和环境美化设计上，没有相对宏观、战略性的思考。这次的创意活动，我们希望在以往的基础上进行提升，向更深层次努力，从根本上解决过去设计上的不足。加上艺术设计学的根本任务是，如何应用造型的技艺来创造合适的环境，以满足社会的各种需求。所以我们希望运用理论工具，结合实际，开拓思路，分析探索产业发展的新方向、新途径，并结合自身的动手与研发能力，创造出可用于实际检验的理念化模型。对云南发展过程中的切实需求，提供既兼顾地域文化特色，又对经济建设有所帮扶的方案和措施。

["美丽云南·新丛林生态"]

2013 年的创意活动，中央美院设计文化与政策研究所许平教授提出了本次"创意云南"活动的主旨，倡导"新丛林生态"区域发展战略策划的观念。试图将局部产品改良与环境美化设计，转变为区域整体发展战略策划。

"新丛林生态"发展模式的核心内涵，在于它须从理论上阐述与资源、人口、消耗三个维度的高度密集的现代城市发展模式相区别的新建设思路；努力探索一条分散化、低耗化、智能化及人文化的新地域经济及城镇文明发展模式，即地理、历史、民族三大要素集成化的城市生态构建和全球、文明、未来三大目标一体化的综合发展模式。并从微观层次上实验、探索及设计一套相关的生活形态及产品原型，论证以"分散化"的"丛林生态"方式发展的文明对于未来社会的示范意义。

恰逢此时，云南省委宣传部的"创意云南"活动，考虑到 2009 级设计学班的自身条件，我们希望对云南省山区的少数民族做一些基础性的研究，了解他们的生活方式，用来指导我们与自然和谐共存，贯彻可持续发展观，为推动我国城镇化进程添一份力。

[策划实施，调研先行]

由于该策划项目涉足面广，起点高，既着眼于宏观，又落脚于微观，具有实施难度大、实施周期长的特点，我们考虑先确立一个前期的研究目标，即明确形成不同于已有模式的生态概念与实施途径；提炼出

相应的价值评判体系，形成相应的设计主张；在国内外同行间得到响应；得到相应的政府响应及支持，至少在一定范围内开展相应的建设实验；在理想的状态下形成一批产品小样。在此基础之上，再把全策划行动推开来才有意义。

为此，在与设计文化与政策研究所多次磋商后决定，由云南艺术学院设计学院师生先行组成调研小组，根据实际，寻找"新丛林生态"战略规划中可供作为前期"突破口"的调研构想。

调研选项：

云南产业现代化及其生态适应性调研；
云南旅游产业化及其生态适应性调研；
云南城镇现代化及其生态适应性调研；
云南矿业资源分布及可持续发展状况调研；
云南城乡手工艺资源及其发展模式调研；
云南乡镇生活饮用水入户方式及其生态调研；
云南乡村生活用火及饮食加工方式调研；
云南乡村人畜排泄物及其生态适应性调研；
云南乡村生活垃圾处理方式及其生态影响调研；
人畜同居生活方式及其生态成因调研；
乡镇人际交往方式及其生态环境调研；
云南城市现代化过程中的地域协同性调研；
云南乡村宗教生态及其心理发展调研；
云南乡村手工艺生存方式及其生态适应性调研；
云南鲜花产业及其生态适应性调研。

我院决定立足于设计学专业，抽调该专业的四名教师，加之 2009 级的全体同学三十人，分别就云南

乡村手工艺生存方式及其生态适应性、人畜同居生活方式及其生态成因、云南乡村生活垃圾处理方式及其生态影响，以及云南山村民居生活方式等四个分课题展开了第一轮的田野调研活动，计划调研活动为期三个月，分别进行2—3次田野采样。

[调研地图·南征北战]

对这四个先期调研的分项目，我们划出了四个调研区域：一个是滇西：大理、丽江方向；一个是滇东南：西双版纳方向；一个是滇东：文山方向；最后一个是滇西南：德宏州方向。基本覆盖了云南全境有特色的自然与人文区域。

[调研地图之：生活方式调研]

这种基础性的研究很广泛，比如说有旅游产业化、乡村生活垃圾处理方式及生态影响的调研等。我们选择实在地了解云南山居少数民族的生活方式，探索具有世界意义的后发展地区城市文化及地域经济模式。

现就将由我和王昶老师所带领的"生活方式"分项目的调研活动做一个翔实的介绍：

本调研分项目由教师2人和学生12人（本科10人、研究生2人）共同组成。分成四个调研小组，每组3人，分别承担策划、实施、统计职责。

[梳理思路，明确对象]

首先，老师和小组同学一起讨论以决定调查样本选取地点与对象，经过反复多次的讨论与评估，我们决定选取云南省德宏州三台山乡的一个小型自然村落为样本地点，理由如下：

1. 德宏州位居云南西南部，在经纬度上属于亚热带低热丘陵气候，与"新丛林生态"主题在自然地理环境形态上较为接近。

2. 三台山乡地处横断山脉的南部群山之中，山高路险的散点式居住模式使得村民们的生存环境还处在相对"封闭"的状态，其古朴的生活方式也更接近"原生态"状态。

3. 德宏州三台山乡是德昂族的聚居地，是一个典型的大分散小聚居的民族和典型的山居民族，这在云南众多的依山为居的"丛林"生活方式中具有样本的价值。

4. 德昂族是我国人口较少的民族之一，在长达两千多年的发展变迁中，形成了完整鲜明的民族文化形态，创造了许多丰富多彩的民族艺术。三台山乡是全国唯一的德昂族乡镇，2006年，其传统文化保护区被评为云南省非物质文化遗产。研究这样一个少数民族的生活方式对于云南多元文化的和谐发展来说，也具有样本性意义。

[背景检索·问卷设计]

选地确定以后，我们就德宏州三台山乡出冬瓜村的概况历史、自然资源、地理环境、经济发展和文化习俗、民族风情等详细背景文献，进行了一个月的分工检索，大致情况如下：

出冬瓜村位于我国唯一的德昂族乡——潞西市三台乡中部，总人口 6517 人。2006 年，三台山乡传统文化保护区被列为省级非物质文化遗产。德昂族是我国人口较少的民族之一，是一个典型的大分散小聚居的民族，虽然德昂族只有 1 万多人，但分布范围非常广，他们是西南边疆最古老的民族之一——濮人的后代。

德昂族的传统民居为竹楼（干栏）形式，与傣族和景颇族的竹楼不同，顶头很高，形似“诸葛亮的帽子”。火塘被德昂族视为家族的象征和家庭人畜兴旺的保护神，火塘的不同方位也被视为家族成员不同地位的象征。楼房的楼梯，一把设于正门前，凡亲友来访均由此处出入；另一把设在后门，可通往菜地或碓房，小伙子“串姑娘”时一般走此门。

德昂族种茶历史悠久，《达古达楞莱标》古歌集中反映了德昂族与茶的渊源关系。从古至今，茶在德昂人的日常生活、社交礼仪、化解矛盾、治疗疾病等方面均有独特的地位。

根据调研要求，我们确定了取样模式，并提前设计出调查问卷。基本分为“访谈型”与“数据型”两个大类。访谈型主要用于记录被调研对象的现状、兴趣、倾向等答案，数据型问卷主要用于进行定量比较。

我们事前设定相关的比较项目及数据形式，以便调查结束后进行准确有效的数据统计及分析。此次调查重点在“生活方式”（文字描述及图片或实物取样）及其原理。计划在村寨中抽取 10—20 名村民，年龄分别为少年、中青年、老年，受教育程度分为高、中、低三个层次（尚不确定该村的最高学历），性别上男女各占一半。每卷提问控制在 30 题左右，卷面数据控制在 10 个左右。

[田野体验·实地调研]

2013 年 3 月 22 日—30 日，第一次下乡，从昆明出发，经保山、芒市、三台山出冬瓜村至瑞丽。为期 10 天，此次踩点，摸清实际情况，核实前期准备工作，修正问卷的设计。

2013 年 4 月 26 日—5 月 10 日，第二次下乡，由昆明直奔三台山出冬瓜村。为期 10 天在出冬瓜村的蹲点再调查，完成了 23 份调查问卷，收集了大量的相关视频和图片。

我们通过与村民们同吃同住，细心观察，切身体验，及交流谈心这几方面来感受他们的生活方式与生存状态，并发现其潜藏着的“丛林生态”新生存特征及未来价值。

观察实录

观察法是我们主要的调查方式，我们先后两次到出冬瓜村实地调查，每次都居住在村中。所以，我们首先是应用观察实录的方法来了解出冬瓜村村民的生活方式，大体从环境、生计、作息、社交、饮食、医疗、卫生、消费等方面进行细致观察，并及时进行影像或文字记录，晚上回到住处再对当天的记录进行整理和总结。

访谈样本人物

访谈是我们这次调查使用的另一个主要方法。我们在观察分析的基础上，充分考虑了类型选样和人物的典型性之后，选择了 23 个样本人物进行多次入户访谈。访谈内容主要是样本人物的家庭和个人具体情况。其中家庭情况主要了解：成员构成、家庭生计、老人赡养、子女教育、卫生医疗等方面；个人情况的访谈侧重在个性、劳动技能、事业、社交、消费、个人爱好、生活习惯、宗教信仰、对未来的设想等具体方面。

由于篇幅的限制，现选取其中的三份典型性问卷摘录如下：

样本人物：赵腊退，男，29 岁（出冬瓜村旅游发展带头人）

选择为被调查对象原因：选择 80 后的赵腊退作为调研样本，是因为他在出冬瓜村既普通又特殊的身份。普通是因为他是土生土长的出冬瓜村人，过着德昂族传统的农耕生活；特殊是因为他经营着村里唯一一家农家乐。作为村旅游协会副会长的他，曾去桂林等地考察，与外面的世界接触较多，眼界也要开阔很多，可以说他是兼具传统与现代生活方式的一代德昂族年轻人典型样本。

调查时间：2013 年 5 月 4 日

调查地点：中国云南省德宏傣族景颇族自治州芒市三台山德昂族乡出冬瓜自然村赵腊退家

调查人：王昶、胡长鹏、王银红、袁飞

被调查人：赵腊退

[调研印象]

初到出冬瓜村，我们遇到的第一个当地村民就是赵腊退，我们就住在他办的农家乐里。相比较于村里其他的大部分村民，他属于见过大世面的人，容易沟通，甚至有些幽默，能很快和陌生人建立融洽的关系。虽然现在主要还靠农耕为生，但在积极规划、努力改变着他的未来生活方式。

关于作息

问：能跟我们说说你一天的生活安排吗？
答：一般，我们早上 6 点半起床，这两天你们也看到了，平时也都这样。
问：就算没有客人也这样吗？
答：嗯，就算没有客人也都在这个时候起床。起床后，基本上也就是打扫卫生，切猪草猪食，喂猪啊，然后帮媳妇煮饭啊，到 8 点半左右吃完早饭嘛，9 点左右到田间做农活。我们都是带着午饭，2 点左右吃午饭。休息一个小时左右，开始出工，一直做到天黑

7点半到8点左右从地里回来。然后洗澡啊，看电视，吃晚饭，到10点左右都在看电视，12点左右才睡觉。
……

关于饮食

问：你们家主要是谁做饭啊？

答：一起做嘛，基本上。

问：喜不喜欢汉族的菜？

答：说不清喜欢不喜欢，可以吃，但不是很合胃口。

问：汉族的主要菜系，你平时了解吗？

答：知道一点，不太多。

问：有没有试过肯德基或者牛排之类的西餐，喜欢吗？

答：不太习惯……

关于嗜好

问：平时你有些什么爱好，比如抽烟？

答：我都不抽。

问：打不打牌啊？

答：缺人的时候，也去陪一下。

问：有没有独特的爱好？比较跟别人不一样的？

答：没有吧，都是和别人一样的。比如运动啦，打篮球，还有唱歌跳舞，文艺这块了嘛。

问：那这种机会多不多啊？

答：也多，经常呢。每年，我们乡都举办农阳杯篮球赛。

问：你喜欢唱什么歌呢，流行歌还是德昂族的歌？

答：都唱，都喜欢。

问：德昂族山歌你会唱吗？还有情歌哦。

答：（笑）不是很会，但很喜欢跟着老人学着唱。像跳那个水鼓舞，我们都经常到各地去参赛，包括州、市、国家级的。我们去参加中国第九届鼓乐大赛，获得最高奖"山花奖"。

问：你的德昂语应该讲得很好吧？

答：嗯，很好，从小就讲嘛，村民之间都是用德昂语交流的，只是外地人来了才会讲普通话。

问：德昂文你可以写吧？

答：基本不会，生活中都不太会用到。

问：你接待过那么多外国客人，会讲一点英语吗？

答：会很少的一点点。

问：在家里有电脑吗？

答：没有，村委会那儿有。

问：常在电脑上看在线视频吗？

答：看得很少，没太多的时间去看。

问：喜欢玩QQ？

答：QQ不算爱好。

问：那微博呢？

答：不太喜欢。
……

关于生计

问：可以告诉我们你的收入主要来源于哪一部分？

答：我家收入还是挺低的，粮食，自家种水稻自家吃。经济来源的话，以前靠甘蔗、茶叶，这两年茶价下跌，也不种了。哎！这两年新型产业，像澳洲坚果、咖啡，都是新种植的，还没有收成呢。这个农家乐，刚起步嘛，买碗啊、锅啊、桌椅板凳啊，收入还不够维持。我还想着，那边有比较好的风景，想开发出去，还想在这里开一个小卖部。民族服饰、包包这些，拿来挂着卖，手工艺品也销售。

问：你办农家乐多少年了？

答：一年零一个月。

问：接待的游客多吗？

答：挺多，反正次数还是多的，人数的话，有一千多个。

……

关于消费

问：能说说你的消费情况吗？

答：家里养的猪，要买糠、玉米、饲料之类的。还有新种的坚果，都需要投入。还有摩托，加油一次30块钱，用三天，我们出去得比较多，一天都骑好几趟。还有买衣服啊，过年过节的费用啊，一年也是好几万呢。还有就是平时去参加村里人建新房啊，结婚啊这些，要去挂礼。

问：你们挂礼一般是挂多少钱？

答：50元或100元，因为寨子人比较多嘛，基本上喜事丧事，一年还是要好几千呢。

问：比如你结婚的时候，别人给你挂礼了，然后你回礼的话，会加钱吗？

答：有时候加，有时候不加，但是基本上就是只能多不能少。

问：小孩上学一个月要花多少钱？

答：一个星期，给他零用钱是15块钱，然后就是他那个校园卡，一天6块钱嘛，也就是45元一个星期。还有我家弟，在读大学嘛，也是一年两三万。

问：你一个月电话费多少？

答：也不多，就一百来块吧。

问：你平时感受到的压力，你觉得是来自哪些方面？

答：目前来看，一个是教育这块，也不仅仅是我自己的孩子，包括我弟弟。另一个就是家里面的人生病。还有一个压力比较大的就是欠贷款。

问：欠多少钱呢？

答：六万多吧。

问：盖房子用的吗？

答：不是啊，就是拿来做这个农家乐的，我贷的虽然是无息贷款，但始终还是要还的，而且是有年限的。

……

关于社交

问：作为农家乐的老板、村子里的出纳，可以介绍下你的社会交往情况吗？

答：基本上要分为两大块，一块对我个人的，像一些游客啊，全国各地的，来过家里就结为朋友啊，比较亲的那种，常联系，跟亲戚一样。乡政府的这块，基本上是同乡，德昂族、汉族都有，处得也比较好。

问：我也观察到了，你能"指挥"动乡长、乡党委书记去办事。

答：（笑）不是指挥，就是互相配合。在外面经常碰到他们，常打招呼，常走动，聊一聊，吃饭的时候，多敬酒。像代表村里边去社交的话，讲话的语言啊，或者所讲的内容，会有所不同而已，但方式方法都基本上一样。

问：那你对自己的这个社交环境，有没有一个什么评价，你自己的感觉？

答：都还算好吧。

问：你觉得还不太好、不太满意的地方是哪一方面？为什么不是好，而是中等呢？

答：主要是身份、机会的问题，因为身份限制机会嘛。

问：能具体讲一下吗？是哪种情况下，身份限制了机会？

答：比如说，有一些人，想去跟他认识，但是，没有机会嘛，身份限制了，不能够去跟他握手。有时候，某个人来，从他的眼神中，对着你微笑，他也想去跟你认识，我也想跟他去认识，但是旁边都有市长县长之类的，两边都有，你也不可能跑过去跟他握手，去跟他认识。

问：你选中等，那么，比较满意在哪些地方？

答：就是基本上我们所需要的这些人，都还是认识一些，虽然不是很熟，但是基本上还是认识。在寨子里头，认识的人比较多的是年轻人吧，我应该算是第一个。

问：比如说，坐在一起聊天，打电话，写信，上网交往，在这些方式里面，你觉得你最重要的社交来自哪一种方式？

答：像远的，像你们昆明或者省外的这些，基本上就是发短信啊，发微信啊，或者打电话啊。像乡里的，我们经常都有来往嘛，比如说，哪家建新房了，会请到我们，我们就会去，一坐下来，我们都很热情。哪个人来搭话，我们都不看他什么身份，都很愿意跟他搭话，都很主动跟他聊天。

问：一些来村子里的人，会通过网络给你发E-mail或者互相加QQ吗？

答：嗯，主要是加QQ和微信。

问：你上网吗？

答：嗯，也上。

问：上网主要做些什么事？

答：淘宝网看看啊，聊QQ啊，随便浏览一下衣服啊之类的。

……

关于卫生

问：你能谈谈卫生这方面吗？家里的或村子里的都可以。

答：跟周围的村比的话，我们这个村的卫生应该算是好的，但是比我们去看过外面的话，还是比较差的，比如路边的白色垃圾。村子里，有时候是四五个月打扫一次，一般就是早上整个寨子，家家户户拿扫把出去，扫寨子的道路，然后，又回家扫各自的家。有时候，上面下来的话，也通知去搞这些卫生。

问：白色垃圾，你们主动处理吗？

答：现在也有了那个垃圾池，基本上倒到垃圾池或者就在路边烧掉。

问：塑料也是烧掉吗？

答：嗯。原来我跟寨子上提了一个方案，说专门找一个人来搞一下卫生这块，一年给他几千块钱，五六天打扫一次，他们也同意了，后边又冷掉了。

问：人畜同居的这个问题，在卫生方面，你觉得会有一个万全之策吗？

答：应该有吧，我想的就是申报那个集中养殖场，申报三处嘛，一处是我们这边，还有一处是上边进来寨子的那边，还有一边是水鼓老人那边。然后就有组织性地，每一家的牲畜都必须关到那个地方，要放养也是从那个地方放出去嘛，晚上回到那个地方去关。这样的话，人畜同居的问题就解决了。但现在就是资金问题，各种问题都存在着。

……

样本人物：李腊补（水鼓老人）

选择被调查对象的原因：被调查对象李腊补是出冬瓜村名人，德昂族特有打击乐器水鼓的制作和表演传承人。他接近 80 岁的年龄，是我们调查样本中高龄的典型代表。

调查时间：2013 年 4 月 30 日上午

调查地点：中国云南省德宏傣族景颇族自治州潞西市三台山乡出冬瓜村

调查人：王昶、王银红、袁飞、胡长鹏

被调查人：李腊补

调研印象：因为老人不会讲汉语，在老人的孙女李兰芬的陪同下，大清晨我们一行来到老人家。大门用几根大竹杆做成栏杆虚掩着，推开竹栏杆，一座历史悠久的杆栏式建筑呈现在我的眼前，红色、黄色的彩绘装饰着小阁楼，显得异常鲜艳。阁楼下没有圈养着牲畜，也没有鸡群的喧闹。

李兰芬用德昂语高声呼喊，大概的意思是"爷爷，爷爷，在家吗？"阁楼的门打开了，老人头上包着白色的头包，左耳上偌大一个耳环，手腕上戴着铁链手表，上身着粉红和灰色相间的条纹衬衫，下身着德昂族男子特有的黑色大筒裤，赤脚。老人瘦黑，看起来筋骨强劲。

阁楼里的火塘正旺，烟把挂着玉米的屋顶熏得乌黑，老人的睡榻就在正堂，床上放置着简单的棉被，睡榻后面挂着各种乐器，墙上贴着小乘佛教的佛像和各式的剪纸纹样。堂屋左边的小屋子，放置着一张床铺，这就是老人妻子的卧房，堂屋右边的屋子里放置着简单的木桌子和碗筷。房里的东西不多，但是我却感受到一份殷实。

老人热情地端着盛满饼干、香蕉、泼水粑粑的竹编簸箕到我们面前，要我们吃这些为我们准备的食品。但是香蕉皮子发黑，小蛾子乱飞，泼水粑粑有点发硬。

老人给我们的印象非常鲜明，和蔼而风趣，技艺高超，会多种乐器的演奏和制作，如水鼓、笛子、箫、二胡、叮琴、牛角等。这些乐器制作精美，从选木材、竹材、削制到雕刻、绘画的装饰都是老人亲为，真是一位心灵手巧、性格率真的大爷。"水鼓老人"是我们在采访后送给老人雅号。

关于作息

问：可以谈谈您一天的作息吗？
答：我每天的生活都很有规律的，每天在 7 点起床，起床后烧起火塘。8 点—9 点做米饭吃早饭，中午采摘野菜，找木材，下午 1 点—2 点吃中午饭，傍晚 6 点—7 点吃晚饭，晚上 9 点睡觉……
问：您现在还赶集吗？
答：赶，好多东西要在集市上买卖。
问：那赶集的时候都买卖些什么呢？
答：就卖些玉米、作物、糕点啊，什么都有，生活中用得上的。

问：平时会去奘房拜拜佛爷吗？

答：去，但次数很少。

……

老人的妻子 82 岁，今天一大早坐车到村口的集市赶集去了。老人很喜欢赶集市，种植玉米都是老太太干，身体很健康。因为牙齿已经脱落，吃硬的东西得用小锤子敲碎，这样好食用。

关于饮食

问：您平时都吃哪些主食呢？

答：大米饭吃得最多，有时候早上会吃米线。

问：会经常吃一些面食吗？比如面条、馒头？

答：不会，不太喜欢吃这些。

问：都吃些什么菜呢？

答：有自己家种的菜，杨瓜、番茄、白菜、辣椒……家里还养了鸡。

问：菜不够吃的时候都怎么办呢？

答：会去采一些野菜回来，偶尔也在集市上买一些回来。

问：吃的菜是什么口味的呢？

答：辣的，不辣不好吃。

问：您爱吃酸的食物吗？

答：不喜欢。太酸了吃不了。

问：爱吃些水果和零食吗？

答：还可以，家里有的水果会经常采来吃，别人也会送一些来吃。家里的零食嘛，都是别人送的饼干啊、糖果啊之类的，会吃一些，味道还可以。

关于生计

问：您平时靠什么来维持生计呢？

答：吃穿用的大部分是自给自足的，所以也不用太担心生计问题。

问：会靠一些手艺来挣些钱吗？

答：会有人来买我做的水鼓，最近我刚卖了两个水鼓，每个卖了 600 块。家里现在只剩下一个水鼓了。

问：那您还会继续做吗？

答：会，我正在找材料，材料弄好了，就可以做了。

问：会在集市上卖一些东西吗？

答：我家种的玉米多，主要卖一些玉米。还会采一些野菜去卖。

问：您会靠表演水鼓舞来谋生吗？

答：这个是自己喜欢，不管挣不挣钱我都会跳。倒是有时候也有一些游客看了我的表演会买一些礼物作为回报。

问：会养殖一些牲畜来补贴家用吗？

答：以前会养牛，现在老了，养不动了。

问：政府会给你们一些补贴吗？

答：会，每个月每个人十多二十块。

关于嗜好

问：您的嗜好是什么呢？

答：我就是爱抽烟，喝酒。不抽不舒服，喝了酒，人就很开心。

问：您爱嚼烟吗？

答：这是肯定的。像我们这一辈的老人，没有谁是不嚼烟的。

问：德昂族的茶您也爱喝吗？

答：爱，你看我这个火塘上一直烧着水，这就是我用来泡茶的，一杯接着一杯。

问：好多人家都有电视了，您家为什么没有呢？您平时喜欢看电视吗？

答：不太爱看，看不懂，有时会在别人家看一点点。

问：村子里好多人都有手机了，它用来交流、沟通很方便，您想要一个吗？

答：不需要了，我不会用，也不喜欢。

关于音乐

问：水鼓是怎么来的呢？

答：传说德昂人在山林中劳作，无意中发现积满了雨水的空心木头敲打时会发出"乒崩！乒崩！"的洪亮声响，非常好听，于是人们受到启发，模仿着做成乐器，水鼓就这样产生了。在鼓中灌进一两斤水，使鼓身、鼓面湿润，敲出的音色优美，别具一格。跳水鼓舞时，再用芒和钗配合，效果更好。

问：水鼓在德昂生活中是怎样的呢？

答：水鼓，德昂族语称为"格仔当"。是德昂族独有的一种打击乐器，以水鼓为伴奏的歌舞，称为水鼓舞，简单好听，是我们德昂人朝暮相随的伙伴，没有水鼓，吃不进睡不香哦……

问：可以给我们讲讲水鼓舞的故事吗？

答：德昂族的事哦，是说也说不清，道也道不完……

问：村里什么时候会跳水鼓舞呢？

答：高兴的时候就跳，跳着就表示高兴，不高兴的时候也跳，跳着就高兴啦……

关于消费

老人一个月可数的消费很少，吃、穿、用基本自给自足，只要付少量的电费和水费。老人家中也没有电器，连电视机也没有。

问：您在日常生活中哪些方面消费得比较多呢？

答：主要花的钱是在电费和水费这一块。

问：在饮食方面有些什么消费呢？

答：食的都是自己家种的（李的妻子为主）。油、盐要买一下。

问：会去集市上买一些菜吗？

答：很少。我们经常去山上采一些野菜回来吃。

问：会买一些现代化生产的零食回来吃吗？比如饼干、糖果？

答：基本上不买。家里这些饼干、糖果都是游客送的。

问：平时会买一些水果回来吃吗？

答：很不会。寨子里自己种有各种水果，四季都有，就够我们吃的了。有时候外面来的人也会买一些送给我们。

问：您每年会花很多的钱在买衣服上面吗？

答：不会。只有在赶集的时候，才会偶尔买一两件衣服，还不是每次赶集都买。

问：你们会自己缝制衣服吗？

答：会的，只要在集市上买一些线，我妻子会织布，然后用自己织的布来做衣服。

问：您家里花的电费，都是使用哪些电器呢？

答：我家里用的，就只有电灯啊。你看，我家什么电器也没有。

问：您家里的这些乐器，在制作的时候，需要花一些钱吗？

答：不用，这些材料都是我自己找来的。

样本人物：邵梅蕊

选择被调查对象的原因：邵梅蕊，13岁，具有90后标签的德昂族小女孩，可爱、活泼。希望通过和她的访谈，可以折射出这个小村庄未来的德昂族人生活方式。

时间：2013年5月1日

地点：中国云南省德宏傣族景颇族自治州潞西市三台山乡出冬瓜村

调查人：王银红、袁飞、胡长鹏

被调查人：邵梅蕊

调研印象：初见小梅蕊很意外，她正和一群小朋友一起玩耍时被我们撞见。小梅蕊高挑的个子，穿着红色的裤子、稍显小的绿色外套，乌黑的长发有点卷，皮肤黝黑的她，一笑牙齿总是整齐地裸露在外面，笑得灿烂无比。她很喜欢游戏，喜欢缠着我们和她玩跳橡皮筋，抓石子。

小梅蕊的爷爷是赵腊宝，所以她的思想受到她爷爷的影响很大，对外来游客很热情。谈话期间她显得比其他的小孩要懂事。会照顾其他的小朋友，也会照顾客人。放假在家里会帮助妈妈做饭，喂猪，摘野菜，照顾弟弟。

每个星期日的下午，小梅蕊和同村的孩子们一起乘坐大人包的车子送他们去山外的乡镇学校上学。那校车可不是我们通常见到的大巴士，而是一辆电动破旧的三轮农用车，一辆车坐着10个左右的孩子。周五又坐着农用车回村子。

那个星期五的下午，载她们回家的农用车在山路上和我们不期而遇了。她欣喜地邀请我们去她家玩，

为了再次深入地补充些资料，我们如约而至。

在她家，她送给我们一张她画的画，颜色很绚丽，画面中的女孩似乎就是她的原型。她告诉我们她在学校的时候梦见她回来时我们都走了，她在梦里哭，醒来的时候很难过。我深深地意识到她喜欢和我们交往，她把我们当朋友了。

访谈之余，我们陪着她去买橡皮筋（橡皮筋3块钱60根），买回来之后就把每根打结穿起来做成一长条，小梅蕊做事时很认真，聪明机灵。

问她在学校里的成绩排名，她显得有点害羞，我猜想她的学习成绩不是很好，但是她在班级里应该是很听话的小女生。

关于居住环境

邵梅蕊家已不是传统德昂族民居，而是空心砖房，房顶铺有瓦片。正房有三间屋，一间是客厅，一间是她爸妈的房间，一间是她自己的。房前有长长的走廊，走廊上没有放置东西，整洁干净。正屋旁边是厨房，家里东西不多，比较整洁。门前还种着一排菜，左边也是菜园。正门前是大马路。小梅蕊家的火塘已不是传统的了，没有放在正屋，而是在厨房里。

关于作息

问：你上学的作息是怎么安排的？

答：周一到周五上午住在学校，星期五下午回家，星期日下午去学校。

问：那在学校一般几点起床？

答：6 点起床，洗漱完了做早操。7 点上早读课，下课了才能吃早点。

问：在学校一般几点睡觉？

答：9 点 40 分睡觉。

问：在学校的课余时间你会做些什么事呢？

答：和同学们一起玩一下游戏，还喜欢做一些运动。我还喜欢看书，晚上可以去图书馆看书。

问：那星期六、星期天在家里是几点起床呢？

答：在家 8 点就起床。

问：在家会帮妈妈做家务吗？

答：会的。会帮助家里采点野菜，种白菜，还有放牛，喂猪，浇水，洗衣服，这些我都会。

问：你会做饭吗？

答：会的。有时爸妈不再家就到爷爷家吃，或者是自己做饭。

问：双休日的时候，除了做作业、做家务，你还会做些什么事呢？

答：照顾弟弟。还有找小伙伴们玩啊，做游戏之类的。

关于爱好

问：会讲德昂语吗？

答：会，从小就会。只不过在学校都得讲普通话。

问：在学校时，你都有些什么爱好呢？

答：我喜欢看书，还有运动。

问：喜欢看什么书呢？

答：在学校时会去图书馆看作文选。

问：那你喜欢什么运动呢？

答：喜欢田径，还可以打篮球、羽毛球、乒乓球。在学校里举办的田径比赛上，我还得过第一名。

问：回家了之后会玩些什么？

答：做游戏啊，和其他小伙伴们跳皮筋，玩石子什么的。

问：还有什么其他的爱好？

答：看电视，画画，跳舞。

问：喜欢跳舞，那会不会跳水鼓舞？（笑）

答：不会，老师教比较现代的。

问：在家爸妈会教你德昂族的歌或者是舞蹈吗？

答：不会，我爷爷会教我一些。

问：那你喜欢什么电视节目？

答：我喜欢看新闻。

问：为什么呢？不喜欢看动画片吗？

答：因为爷爷会经常带着我们看新闻，慢慢就喜欢了。动画片也喜欢。

问：这些画都是你画的吗？

答：是的。这张画送给你吧。

问：家里有电脑吗？

答：没有，不过学校有，老师会教我们怎么用。

问：那你会在网上和别人交流吗？

答：现在还不会，不过你们可以把电话和 QQ 号留给我，这样我以后就可以联系你们了。（笑）

关于饮食

问：在学校早点吃些什么啊？

答：一般是包子。

问：在学校午饭、晚饭吃些什么呢？

答：午饭和晚饭，就是吃米饭，再打一些菜。学校食堂有蔬菜，也有肉。

问：喜欢吃学校的饭菜吗？

答：不喜欢，学校的饭难吃，可是必须要吃。

问：会从家里带一些食物去学校吃吗？

答：会，会带一些水果。有时候会把家里的羊奶果带去，和其他的同学们一起吃，他们也会带柠檬、芒果去学校吃。

问：你觉得德昂族的这些菜好吃吗？

答：好吃，我从小就吃这些。

问：平时喜欢吃什么？

答：我喜欢吃野菜和苹果。

问：喜欢吃糖吗？

答：糖我很少吃，我喜欢吃辣的东西。

问：商店里卖的那些零食，喜欢吃吗？

答：不太喜欢，有时候爸妈会买一些来吃。

问：喜欢吃方便面吗？

答：不喜欢，还是喜欢吃大米饭和野菜。饭比方便面好吃。

关于社交

问：在学校和同学们相处得好吗？

答：在学校里和我的同桌玩得最好，她是我最好的朋友，叫排翠观，是景颇族人。我们爸妈也都很熟的。

问：那你们会有不同民族之间的顾忌吗？

答：没有的，我们都不怕陌生人。

问：在学校会和男同学玩吗？

答：不喜欢，他们太闹了，很少和他们玩。

问：在寨子里，平时喜欢跟谁玩啊？

答：村子里的好多小孩都在一起玩，村子里我最好的朋友，一个叫李建平，一个叫赵湘欢，还有一个叫王丽萍。

问：外面来旅游的人，你会和他们一起玩吗？

答：很少。

关于花费

问：平时爸妈会给零用钱吗？

答：会啊，一个星期给 20 块零花钱，但是都花不完。都会剩下 10—15 块。饭卡里都充好了钱，就每天早上买个 1 块的包子，中午吃的话，饭 1 块，肉 2 块，菜 7 角。还会拿来钱买零食，买矿泉水。

问：那每次剩下的钱拿来干什么呢？

答：给妈妈买点东西啊，看她要什么。有时候也会自己看着给她买点东西。

问：一个学期在学校吃饭要花多少钱？

答：爸妈一学期在饭卡充 300—400 块，差不多就够用了。

问：爸妈会经常带你去买衣服吗？

答：会的，爸妈过节都会给我买新衣服、新鞋。有时自己也会去买。

问：那他们买的衣服你喜欢吗？

答：还好，不喜欢也没办法啊，都会穿的。

问：学校有校服吗？

答：有，有两套呢。上个学期买了一套，这个学期又买了一套。

问：自己的衣服好还是校服好？

答：校服。

问：为什么呢？

答：校服贵啊，70 块一套呢。自己买的衣服比校服便宜。

问：接送你去学校的车费每学期要多少钱？

答：一个学期的包车费是 100 块。

关于卫生

问：在学校的时候你怎么注意个人卫生的呢？

答：我会在学校把一个星期的衣服洗干净，晒在学校，在学校一个星期洗两次澡。不洗澡的时候都得洗脚。头发就两天洗一次。每天睡觉前都会洗漱。

问：在学校有什么关于卫生方面的规定吗？

答：就是不让乱丢垃圾，教室、宿舍每天都要打扫。

问：在学校可以穿拖鞋吗？

答：可以的，可以留指甲，戴耳钉，涂指甲油，这些都没什么规定的。

问：在家里会经常打扫卫生吗？

答：会打扫的，脏了就打扫，主要就是扫地。

问：那在家里时，垃圾丢在哪里？

答：会丢到村子的垃圾筒里。

[整理资料·数据统计]

经初步整理，"生活方式"分项目调研小组从先期的案头工作到两次田野调研，历时三个月，先后收集到的资料清单如下：

表一：前期案头工作

资料类别	资料内容	资料数量	资料来源
文字资料	三台山乡出冬瓜村背景资料	约3万字	1.图书馆 2.网络 3.博物馆 4.购买书籍
	出冬瓜村自然地理等资料、数据	约4万字	
	德昂族概况、历史、人文等	约10万字	
	田野调研方法	约2万字	
图片资料	德宏州概况	169	
	德昂族概况、历史、人文等	112	
	德昂族历史、人文等	245	
文字	调查问卷的设计	约3万字	

表二：田野调研资料

序号	资料类别	资料内容	资料数量
01	照片	出冬瓜村自然景观	548
		采访现场照片	783
		和村民们开心地在一起	342
		村民的老照片翻拍	125
		德昂族女子婚礼服饰	37
		德昂族野菜菜品	45
		德昂族清晨傍晚牧牛	63
		儿童游戏娱乐场景	45
		德昂族建筑住宅	130
		村民头像特写	50
		妇女织布场景	40
		水鼓老人跳水鼓舞	80
		奘房外景及内部	70
		村民采摘食物及水果劳动场景	40
		德昂族村民着传统服饰的全家福	50
02	视频	德昂族野菜烹饪方法与流程	2
		德昂族水鼓舞	3
		采访实录	13
		村民清晨傍晚牧牛	10
		妇女织布	15
		自然风光	20
		村民及佛爷清晨开门瞬间	4
		村民田间低头的劳作	22
		以不同的交通工具行走的村民	16
		村民拜佛场景	8
		村民交流场景	6
03	采访笔录	采访问卷	23
		访谈随笔	6
04	录音	采访录音	22
		夜幕下的出冬瓜村田野天籁之音	2
		清晨出冬瓜村鸟鸣	3
		牧牛铃铛交响之声	3
		奘房佛塔的钟声	2
		水鼓老人演奏各式乐器	3
05	食物	德昂族食用主要野菜品种采样	35
		德昂族加工的饵块制品	4
		德昂族酸茶	5
06	生活用品	山上出产的竹子制成的喝水杯	6
		竹制小凳	2
		竹制清洁用品	2
07	生产工具	竹制牛铃铛样本采集	12
		竹背篓样本采集	4
08	文化用品	竹制祭祀用品	3
		水鼓	1

表三：访谈人物图表

对象	性别	年龄	调研时间	调研地点	数据收集方式	备注
1 李腊补	男	80	2013 年 4 月 30 日上午	中国云南省德宏傣族景颇族自治州芒市三台山乡出冬瓜村李腊补家中	问卷文字记录、录音、照片、视频	李腊补（水鼓老人）与妻子（82 岁）一起居住居住在传统的杆栏式木质阁楼（德昂族技艺高超的老人，非物质文化的传承人）
2 赵腊宝	男	61	2013 年 5 月 4 日上午	中国云南省德宏傣族景颇族自治州芒市三台山乡出冬瓜村赵腊宝家中及赵腊退家中	问卷文字记录、照片、视频	曾经是村里小学的教师妻子 60 岁一起居住在传统的杆栏式木质阁楼
3 赵玉月	女	45	2013 年 4 月 29 日下午	中国云南省德宏傣族景颇族自治州芒市三台山乡出冬瓜村赵玉月家中	问卷文字记录、照片、视频	村里会织布的中年妇女1994 年入党，丈夫（48 岁）一起居住在传统的杆栏式木质阁楼。女儿（22 岁）是芒市一所小学里的教师，一星期回家一次，小儿子（17 岁）在湖北做汽修实习。
4 赵玉笋	女	93	2013 年 5 月 1 日 10:15—13:00	中国云南省德宏傣族景颇族自治州芒市三台山乡出冬瓜村赵玉笋家中	问卷文字记录、照片、视频	高龄老妇人丈夫已去世共养育九个子女（四个女儿、五个儿子）大女儿已经去世
5 王祖保	男	65	2013 年 5 月 1 日 18:00—18:50	中国云南省德宏傣族景颇族自治州芒市三台山乡出冬瓜村王祖保家中	问卷文字记录、录音、照片	村中普通务农的老年人妻子赵先红（55 岁）共养育四个儿子、一个女儿（两个儿子已去世）女儿在上海工作，一年回来一趟。
6 李兰芬	女	22	2013 年 4 月 30 日下午	中国云南省德宏傣族景颇族自治州芒市三台山乡出冬瓜村李兰芬家中	问卷文字记录、照片	在芒市一所小学当老师
7 邵梅蕊	女	13	2013 年 5 月 1 日	中国云南省德宏傣族景颇族自治州芒市三台山乡出冬瓜村邵梅蕊家中及赵腊退家院子里	问卷文字记录、照片、视频	小学六年级学生父亲邵兴财 26 岁，在芒市务工母亲赵玉退 33 岁，在家务农弟弟邵勇光 7 岁，在同一所学校上学，一年级。
8 赵腊退	男	29	2013 年 5 月 4 日下午及晚上	中国云南省德宏傣族景颇族自治州芒市三台山乡出冬瓜村赵腊退家中	问卷文字记录、录音、照片、视频	出冬瓜村农家乐主人兼村委会会计
9 李腊旺	男	45	2013 年 5 月 3 日上午	中国云南省德宏傣族景颇族自治州芒市三台山乡出冬瓜村奘房中	问卷文字记录、录音、照片、视频	出冬瓜村里的佛爷，负责出冬瓜村的宗教事务。在村民中地位特殊、崇高。

（续表三）

对象	性别	年龄	调研时间	调研地点	数据收集方式	备注
10 杨腊翁	男	45	2013 年 5 月 2 日上午	中国云南省德宏傣族景颇族自治州芒市三台山乡出冬瓜村杨腊翁家中	问卷文字记录、录音、照片、视频	出冬瓜村村长
11 唐雅仙	女	40	2013 年 4 月 30 日下午	中国云南省德宏傣族景颇族自治州芒市三台山乡出冬瓜村医疗站	问卷文字记录、照片、视频	汉族，出冬瓜村医疗站医生 卫校毕业，19 岁来出冬瓜村当村医，并嫁给了出冬瓜村的一位德昂族男子。 在出冬瓜村当村医已 21 年。 丈夫是该村村委会主任，儿子在上高一。
12 嚯洪勇	男	48	2013 年 5 月 1 日上午	中国云南省德宏傣族景颇族自治州芒市三台山乡出冬瓜村嚯洪勇家中	问卷文字记录、录音、照片、视频	出冬瓜村子里普通中年人 家中有九个兄弟姐妹，四个哥哥在村中成家，两个姐妹在泰国打工，两个妹妹在瑞丽工作，自己排行老五，大姐已去世。 女儿 22 岁在上海打工，儿子 17 岁初中毕业。
出于篇幅的原因，以下采访任务暂略					

[调研·结语]

在德昂族村寨貌似落后的生活方式下，在其独特的民族习俗背后，隐藏着长期与环境良性互动的生存智慧。我们希望探究德昂族人民在漫长历史岁月中沉淀下来的这种智慧，因为这种智慧经历了悠悠岁月的检验。

自工业社会发展以来，人类与自然和谐互动的关系屡屡受到破坏而导致严重后果。许多在当代看似落后的生活方式中，却蕴藏着那种可以用来指导我们与自然和谐共存的宝贵思想。我们试图通过调研活动，体验他们的生活，探究德昂族的民族习俗，进而了解人与自然、生存与发展之间的适应性关联。

此次调查，我们通过现场观察和分析，选取了出冬瓜村相对典型的 23 个人为调研样本。他们的年龄各异，涉及老、中、青、少。并通过访谈交流的方式，了解各个年龄阶段德昂族人们的生活方式。我们主要从作息、生活环境、饮食、社交等方面来调研，尝试分析出山居少数民族的一般生活形态，以及此种少数民族生活方式下隐藏着的生存与发展智慧。同时，也希望冀此智慧，可以进入到"丛林新生态"区域发展战略策划里，乃至进入到我们对将来的发展规划之中。对山居少数民族生活习俗的了解，也有助于我们领悟人类生活方式的多样性，尊重不同的生活方式。也希望这些调研成果可以帮助我们贯彻落实可持续发展观，积极稳妥地推进城镇化进程，加速城镇化的发展，深化改革，为城镇化的健康发展提供思想保障。

大地上的异乡客？
中国设计研究的地气与底气

黄厚石

南京艺术学院设计学院副教授

[摘要]

无论是在设计史研究、设计理论研究还是设计批评研究中，中国设计研究在方法上一直以来都受到西方理论的影响。然而，在面对错综复杂的设计现象与设计问题时，传统的以设计师为研究对象的核心方法不能有效地理解与解释中国设计。在这片设计的大地上，当我们面对设计困境时，我们常常责怪土壤的贫瘠。这是因为，我们错把设计艺术当成是艺术家的创造，并且用少数人的审美标准去衡量大众。枝繁叶茂的大树给人树林成片的错觉，而让人看不到其下被掩盖的灌木。如果在研究中离开了这片土壤，一叶障目，那么这样的研究者就是 "大地上的异乡客"！本文试图提出一种建立在社会学与文化研究基础上的微观阐释理论，并对已有的类似研究进行一次总结与梳理。希望在日常生活的光怪陆离下去分析中国设计的独特身影，更渴望在具有顽强生命力的中国设计中看到日常生活的不断演进。

2011 年末，我曾撰写过一篇文章，叫做《微观设计学——中国设计批评研究的一条道路》（《创意设计》，2012 第 2 期 ）。在这篇文章中，我详细地论述了我个人对中国当代设计批评研究的理解，并提出了自己微弱的呼吁。在我看来，当下中国设计批评研究的理论探讨多过实践分析，课题需求高过现实责任，西方视野大于本土认知。因此，中国的设计批评研究逐渐建立起一个摸起来骨骼清楚、经脉奇绝但实际上基础薄弱、外强中干的空中楼阁，就好像宫崎骏动画片《千与千寻》里破落的主题公园，远看热闹异常，走进了则发现万人空巷、阴森诡异。

这样的学科批评同样也在鞭策着我自己的 "寻路之旅" ——寻找一条土腥味儿十足、灰尘扑鼻的中国设计研究之路。这条路也许风景欠佳，更未必适合每一位学人，但它却让我看到这片大地上的尘土，触摸到麦田里的穗浪，倾听到风中的哨音，浸染上河流中飞溅的水珠。

在如此 "小清新" 的描述背后，是我对中国设计批评的呼吁，也是我对这片大地上的设计研究的一己之见。那就是，中国的设计问题有其特殊的背景与原因。它与国际上设计理论与实践的发展之间既有其天然的联系，又具有自身的特殊性。比如，西方现代设计的理性主义在一定程度上影响到了中国的当代设计，西方设计的非理性主义同样发生了类似的作用。但是，中国的哲学与文化不同于西方，中国人的思维方式也不同于西方。不仅理性主义在中国的影响不是本质性的，建立在理性主义基础上的西方非理性主义也完全不同于东方的非理性主义。这就是无论是现代主义还是后现代主义都在中国被曲解、被滥用、被标签化的原因。反映到设计艺术中，就是中国消费者在日常生活中评价一个设计作品，自有其社会学与政治学的标准，而完全与现代主义或后现代主义之间无涉。

这就是为何在西方精英设计的影响下，中国出现了大量优秀的设计师以及逐渐成熟的高端设计品牌，但却仍然感到设计的土壤不佳、设计的收成不好的原因。在一部分文化精英的带动下，来自西方（包括日本）的设计经验与方法被中国设计界所吸收，中产阶级的设计消费群体创建了自己的品位生活。但是当我们把视线聚焦向中国大地的日常生活时，我们看到的是巨大的断裂。这种断裂与金钱无关！它甚至也与"趣味"——这一不负责任的词语无关！它是日常生活的断裂，是大地与主人的断裂！

在这种语境下，我只能做我力所能及的事情：从微观的设计研究角度，去揭示这种断裂、去展示这种断裂。也许我测不出其内部撕裂的程度与数值，但至少能从伤口中一窥其惨烈，从痕迹中还原其发生的场景，从现场中思考其可能的未来。因此，从 2011 年末那篇鞭策自我的文章开始，我通过下面几篇文章做初步的摸索：《中国为什么那么红？》（《艺术设计研究》，2012 第 1 期）一文思考中国日常生活中的色彩自我认定是如何形成并被固化的，以及其背后的政治文化原因；《风格：设计师的取款机》（《艺术与设计》，2012 年第 1 期）一文追问了在中国日常生活中家庭装修风格背后的大众审美认知与设计陷阱，尤其是分析了一些独具中国特色的装饰价值取向；《一个小区的死与生：小区改造中设计权利问题的思考》（《艺术与设计》，2012 年第 7 期）一文从自己所亲身经历的一次围绕小区改造的权利讨论出发，观察一个由西方人所设计的中国小区是如何在中国消费者手中解体又被重组的；《超市狂想曲》（《艺术与设计》，2012 年第 10 期）一文将一间普通的中国超市卖场——一片中国大众消费的海洋——作为研究对象，把潜藏在商品包装背后的社会与文化含义摊开，思考与大众日常消费生活相关的设计价值问题。经过这些初步的思考，

从 2013 年初，开始以"中国物体系"为题，在《新平面》上设置专栏，用更加灵活的非学术文体，去触摸那些伤口的痛处，放大日常生活的原貌，寻找让其无法结痂的病菌。

然而这样的研究方式看起来却是十分"零散的"与"感性的"。国内设计研究者在面对一种理论研究的范式时，常常会提出这样两个问题：一是你的理论体系是什么？二是你的研究对实践有什么价值？这真的是两个极端。一方面刻意地追求自身理论研究的完整性以至于忽视了内容，另一方面强调理论研究的应用价值以至于抹杀了不同类型理论研究之间的差异性。中国设计所面对的对象可能是最为复杂的。因此在能全面感知中国设计的细微表情之前，很难有自信去解读其中的微妙含义，更不要说把这些建立在经验主义基础之上的文化认知转化为所谓的理论体系。我所想做的事情，如同立体主义的绘画，力图发现中国设计不同的截面，寻找现实"褶皱"中掩藏的真实，将其逐渐地拼贴起来，完成一幅活色生香的中国设计的画面。这幅画面必然是与中国社会生活的画面相重合的，如同在赛璐珞上对底层图形进行的描摹。

这就是我所谓的"微观设计学"，"学"字并非代表一个学科，仅仅是一种研究方法。而这种研究方法被我视为面对中国设计问题的一种务实态度，它试图找到中国当代设计的真实状况，并从中寻找解决问题的途径。那么在这篇针对中国设计"土壤"的文章中，我将仍然从设计的微观现象出发，对这片大地上的"裂缝"进行一次粗率的扫描，也算是对那些零散研究的一次总结。

一、农村与城市

现在有个很流行的词，叫"凤凰男"。指的是从农村中走出来考上大学，然后在城里找到不错的工作，甚至与城里女孩结婚的男性。这个具有一定歧视色彩的词语具有"麻雀变凤凰"的含义。没有哪个词语比它更能展现出当代"农村"与"城市"生活之间的割裂了！这种裂缝虽然你看不到，但是却大到无法弥补，只能用"变"才能实现转换——即便"变"了，仍然是一个怪胎，一个要带着标签生活一辈子的人。

费孝通先生曾说过中国的社会是"差序格局"，从城市到农村在生活上具有着连续性。然而这种连续性在今天被"裂缝"所掩盖了。这造成的结果，表面上看是生活质量的差别,背后则体现出设计力量的缺失。

在农村的传统物体系中，除了一小部分农具之外，大部分人的日常用品已经与农业时代发生了很多的变化。一些传统器具的装饰语汇与价值取向也都发生了变化，各种新兴的电子产品与日常用品从城市生活中垂直进入农村。与此同时在广大农村，在此垂直体系之外，还产生了一个平行体系。就是表面上看起来和城市的大部分产品十分类似，但其实是一种低规格的，即由普通大众商品中的低端系列、"山寨"与假冒伪劣产品混合组成的一个消费链。作为一个与城市消费系统平行的体系，它看起来是如此的似曾相识，仔细观察却有许多不同。站在一个县城的商业街向四周望去，你会发现与城市商场广告里遍布的国内外一线明星代言人不同，农村消费品的代言明星往往是二三线的，甚至是完全过气的。

这似乎可以解释为不同市场的消费能力不同，所以是十分正常的经济学现象。然而，在经济学者眼中十分普通的事情恰恰是设计学所纠结的。如果让经济学家来搞设计学，两句话就结束了，但设计学研究总惦记着在经济学的现象中找到审美力量可以发力的角落。

农村生活是一个"匿名设计"的极好代表。在农村出现的设计活动均具有自发性，呈现出不受个人控制的集体性特征。而优秀的"设计师设计"无法渗透到农村生活中去，绝非仅仅是消费能力欠佳的原因，而是这种城乡割裂所造成的后果。城乡收入的差距导致了大量的专门面向农村的产品。其中一部分不仅在质量和安全上难有保证，更没有利益空间来保证优秀设计师的参与。其状况，可以参考一些厂家在面对国外市场与国内市场时的态度与选择。比如，面向农村市场的一些儿童玩具不仅粗制滥造，而且有很大的安全隐患。这很大程度上是因为他们认为农村消费者追求价格便宜，同时对安全性的关注不如城市消费者。这种对农村消费者形成的设计态度极大地影响了设计的产生。再说一遍，这绝非是钱的问题，好的设计应该是又便宜又安全的。

因此，这种农村与城市之间的"割裂"在表面上看是经济发展的割裂，而根本上产生于一种强烈的对待"城乡差别"的心理认知。比如，城市的就是"洋气的"，农村的就是"土气的"；城市的就是"小清新的"，农村的就是"雅俗共赏的"——这就好像我们常去的郊区"农家乐"一样，它们大多产生自城市居民的"农村想象"。也正因为是被一种统一的思维方式想象出来的，所以这些"农家乐"、"土菜馆"呈现出千篇一律、模式化的视觉特征，这也导致了类似春晚舞台般的设计僵化状况与设计媚俗心态。

随着农村经济的发展和城市市场的饱和，中国的企业和设计师有必要改变这种业已形成的固定思维，才能从农村市场中找到新的消费空间。更重要的是，才能在这个过程中，逐渐地改变中国农村物体系的审美状况。通过一次次的争取换来一点点的进步，通过观念的刺激来破坏保守的态度，甚至开发出农村消费者也青睐的设计师品牌来——我相信，真正美的设计终归是会被所有人接受的。设计师应该创作出能引导消费的设计，而不仅仅是去迎合消费。设计师对于生活方式的参与就是这么自然地发生的，而并非集中式的推进，后者的作用常常带有一定的破坏性。

二、权力与权利

"城市美化"与"新农村建设"为设计师提供了很好地参与日常生活的机会。然而这种"机会"建立在一种强有力的制度基础之上，这是一种集中式的、"运动式"的设计轰炸。就好像曾经的"严打"一样，在特殊时期它可能产生示范性的效应，但也会带来许多有待讨论的破坏性可能。

举个例子，城市里近些年常常出现的一个设计现象：店面招牌的统一出新。一方面，这种"出新"在短期内迅速改变了店面招牌的混乱状态，让一些脏乱差的城市面貌迅速得到改观。"出新"的大多数店面招牌以灰色、咖啡色等中性色为主，招牌与字体的大小都得到了一定程度的控制。尽管这些出新招牌的材料欠佳、做工粗劣，但是比起之前大小各异、形式与

色彩不受限制的混乱状态相比，确实有很大的改观。毕竟，与旧时代形式各异的"招幌"不同，现在的店面多以灯箱为主，大多谈不上什么审美趣味，只以"色鲜"、"字大"为核心，体现出完全的实利主义。然而，另一方面，这些招牌在设计方面的高下之分其实并不重要。也许它们的出新能让一些混乱的城市景观短期内改头换面，但究竟是谁赋予了它们"改头换面"的权力？"改头换面"的领导者们是如何来决定什么样的街道、什么样的景观是"丑陋的"、"混乱的"？他们实际上无法决定，只是按照既定的计划来实现一种被简单设定的"美化"，来完成一个任务！这个任务只要有一个他们内部可以实现的价值认定，可以在体制内相互评定其成功与否就可以了。

也就是说这种"美化"是执行者单方标准的，它完全忽视了大众的自由。以赛亚·柏林曾经提到自由可以分为"积极自由"和"消极自由"，也就是说人除了有追求某事物的自由外，还有拒绝某事物的自由，而后者虽然常被忽视但却更加重要。比如，一个住宅小区在播放背景音乐，可能有五个人十分欣赏这种"声音景观"，但只要有一个人坚持反对，就应该禁止播放。而中国人对此恰恰是最无感觉的！比如大妈们在兴高采烈地进行其广场舞蹈时，完全无视她们具有暴力性质的噪音污染。因为，她们认为凑够了一群人，就有了"合法性"，就有了自由（积极自由），完全不顾他人受侵犯的自由（消极自由）。回到"城市美化"这个问题中来，就好像有一部分人觉得小区内的背景音乐是"诗情画意"的一样，也许有人觉得进行统一出新是有利于大多数人利益的，但是当有人反对时，强制地推行必然会侵犯到他们的权利。

有一个突出的例子，深圳某条街区的统一出新曾经上过央视的新闻。这次出新拆除了当地的一个知名文艺书店的门头，该门头由一位著名设计师设计，花了不少心思，效果也很好，是书店的视觉形象之一。这样的报道符合中国式思考的特点，即只有当矛盾以一种戏剧化的方式被激化时，才会有人来关注，有人来讨论和研究。比如，一条马路在没有出重大安全事故之前，它的安全隐患常常无人关注，所有人都能"凑合"；一种污染也只有造成了重大的灾害，才被摆在桌面上讨论；一次事件经过了名人微博的转发后，才引起大家的注意——在此之前，就好像什么事都没有发生一样！实际上，即便不是著名设计师设计的门头装饰，大多也是业主们精心创造的。也只有店主才会对自己的店面设计如此地用心。也许受制于店主的艺术修养，他们的自发设计不够精美，也常常过于实用主义（打印店、图文店那纹身般的门面装饰就是个典型）。但是，这样的"混乱"却是多样性产生的基础。更重要的是，这样的"混乱"避免了权力的滥用！

那么关于农村的"美化"呢？我还没有看到现实的例子，根本没有发言权。我不想否定许多设计师的美好意愿与已经做出的努力。我只想说，农村的医疗问题、教育问题、安全问题、养老问题以及留守儿童问题，可能比视觉美化的问题要重要得多。其实，只要把垃圾等农村卫生问题解决好，中国的农村"你本来就很美"！那些如华西村般整齐划一的视觉追求实在太可怕了！不要再让过度的权力来污染农村的大地了！

三、传统与现代

有一阵子，我曾经穿过一件土布的黑色马褂（非唐装）。我发现对此装扮最为反感的是中老年人。他们觉得"怪头怪脑的"、"土气难看"，年轻人倒觉得新鲜、挺酷的。然而，主流社会恰恰是由中老年人决定的，他们的主流审美决定了消费和社会整体的审美取向。因此在当下，传统常常被看成是一种"标新立异"的东西了。

比如说"汉服"。记得在一期南京台地方新闻节目中，一位中年大妈主持人愤怒地将汉服称为是年轻人追求时髦、表现自我的行为。也许她说得没错，"汉服"活动的参与者几乎是清一色的年轻人。但是，我想说"汉服"活动与每年樱花盛开时的cos-play还是完全不同的。不仅是诉求不同，在审美上也完全是差异化的。cos-play在主观上就追求戏剧化（比如尺度夸张的衣服与刀剑），而"汉服"活动的戏剧化是客观上形成的。"汉服"的参与者渴望穿着"汉服"时能更自然一些，能消失在人群中，但是他们的服装与生活方式之间的巨大差异硬生生地把他们凸显出来。

"汉服"只是一个微缩的范例，真正追求传统生活方式爱好者们大多都被挤压在一个小小的圈子里。他们已经不为主流社会所接受了，他们也常常以清高的方式毫不在意地保持着传统的纯粹性。如"茶"、"壶"、"香"、"琴"、"戏"等传统生活物品或娱乐方式多成了小众趋之若鹜的消费领域，其中又以年轻人居多。他们似乎成了一种社会的夹层。就好像电影《成为马尔科维奇》（又译《傀儡人生》）中七楼八楼之间存在着一个隐秘的夹层空间，进入之后才发现原来还有这样一种生态圈！它们为什么被挤压？原因就在于我们已经习惯了一种极其粗糙、毫无营养的生活方式。经常沉溺于街头扑克与公园舞蹈的人会觉得这种需要不断学习和技能训练的生活是属于专家的，与日常生活无关，就好像我们有个常用语叫"读书人"——把读书这苦差事派发给一个特定人群（常常是自己的子女），然后自己置身事外，仅仅靠看电视来"活到老学到老"。在网络八卦与电视垃圾中不能自拔的人更觉得这样与内心对话的生活方式太过矫情，他们沉溺于狭窄的生活中太久，除了与家人吵架外已经找不到情感宣泄的出口，像陀螺一样按照惯性来生活。

那么，在这样的环境中，围绕着传统生活的设计自然是踪迹难寻的。无论是传统家具还是茶具，能够做到原汁原味的复古就已经难能可贵了，何来创新可言？而传统家具的复兴，除了年轻人在家居装饰方面有选择性的需求外，中国人对木料稀缺性的崇拜起到了很大的作用。就好像大多数金店的首饰设计一样，材料的档次与扎实是第一位的，因为它们是容易理解的价值，而首饰的设计则被放在第二位，呈现出雷同的特征。而传统家具也一样，大量木料扎实的家具纯粹出于木料的炫耀，并非审美上的最佳，而如肿瘤一般堆积的许多算不上精美的家具雕刻则属于第二种易于理解的价值了。

并非完全没有创新！但大多数优秀的创新设计还未经过职业设计师的消化与再创造，因此要么吻合了生活方式的变化发展却毫无传统的意趣，要么将传统的语言如刻舟求剑般强加在现代的事物上。比如，电子茶海显然是个新事物，这个新事物背后却是传统生活方式的延续与变化。那么，电子茶海的出现无疑是

创新性的设计。但是这个设计本身毫无审美价值可言，以至于我们怀疑它是不是像"汉服"一样是个"标新立异"的家伙。也就是说，糟糕的外观设计抹杀了它内在的合理性。设计师只是机械地将传统茶海的型（还是不甚美观的比例）用现代电器的材料来进行表现，再与电烧水壶之间进行组合，最后加上一些"喜闻乐见"的中国纹样。在这里，设计无法让新事物显得水到渠成，更无法引导一种新的饮茶方式。

有人说，传统与现代之间的割裂主要源于西方现代生活方式的冲击。这种说法只对了一半。没有冲击就没有改变，但改变的方式却有很多种类型。有时，在西方文明的影响下，东方反而走向了对传统更加刻骨铭心的珍惜，如日本。在诸种从服装到家居的传统的生活领域中，日本都保持了审美的延续性和物体系发展轨迹的延续性。而诸如"汉服"这样的生活方式一旦被长期割裂，那么它的"合法性"就遭到了普遍质疑，甚至其概念本身都是无法统一的。而诸如茶道、香道等更加精微的生活方式虽有延续或遭恢复，但本身则是被大众排斥的，而多少具有了一定的表演性。也就是说，传统与现代之间的割裂既有外部原因的影响，也受制于内部机制的制约。就好像一段发生断裂的桥梁，或许可以将其解释为路过的货车超重带来的后果，但其自身内部的问题极有可能是日积月累的。

四、东方与西方

谈到西方文化的冲击，不得不谈到这种冲击对生活方式的巨大影响。除去在政治、教育、科技、军事等各方面的巨大影响不谈，单看生活方式，则是一个很有意思的话题。那就是西方的生活方式对中国实际

上没有产生什么大的影响！或者说，这种影响以一种中国化的方式被消解掉了。

这么说从表面上看是矛盾的，因为西方的物体系在中国处处可见，而中国的消费者对它们的需求又是如此的旺盛。然而这样的需求在大多数时候是"装饰性"的，并不符合消费的常态。洋烟的消费者主要是年轻人，他们要"装饰"自己的青春；洋酒被用来馈赠亲友，但实际上并没有多少人爱喝它（实在要喝，就把它当山楂酒喝吧！）。拉菲就更不用说了，它是什么的"装饰"？大家都清楚；各种奢侈消费品并没有和生活方式与场合之间发生联系，只是简单地被当做一个符号使用。它所引发的占有欲与恋物癖建立在有中国特色的馈赠文化与面子文化基础上；而那些遍布中国各地的西方咖啡连锁店更是以比西雅图还要贵的价格体系提醒我们，它不是一个融于生活方式之中的日常消费品；至于西餐，其实我们的胃大多难以对它们友好，但是不妨碍我们的微博对它们十分青睐，它们拍出来真得很好看！

这样的"影响"难道不算是影响吗？至少不是一种对等的影响。其实如果换一个思路，将能更好地去理解中国生活方式中的西方设计。那就是晏子说的："橘生淮南则为桔，橘生淮北则为枳。"这些西方的物品落户中国必然要符合中国的地气。以汽车为例，许多在西方大卖的车型在中国未必能横行。在欧洲广受欢迎的两厢车直到近年才逐渐被中国消费者接受，导致产生了很多两厢小型车甚至微型车被改成三厢车的"怪物"，但中国的消费者喜欢，因为这样才像个车的样子。而同样在欧洲市场常见的旅行车直到今天仍然不被中国市场所接受。至于中级车及豪华车落地中国

之后，加长个 10 公分轴距什么的更是常有的事。是中国人真的体型更大吗？显然不是。在中国大卖的品牌大多很早就摸得清这些国人的脾气，牢牢地接着中国的地气。而剩下的那些品牌，则总是慢半拍。

也正是在这个意义上，中国的设计师其实应该是最了解中国的消费者的，也应该最接地气。他们（设计师与消费者）之间也最容易形成反馈与交流。但这也仅仅是"应该"！当电影《功夫熊猫》被拍出来的时候，很多人都惊呼这些老外的团队比我们更接地气，更了解传统文化，变得也更加成熟了。与产品设计的团队一样，他们可以通过在团队中的中国人或华裔来完成这种连接，也可以通过在中国开办设计公司来进行设计的本土化。因为，设计是一种形式的语言表达。当这种语言无法被大多数人理解时，它就成了无法完成交流的单向传播。传播得越努力，摔跟头的几率就越大。传播的人也就成了"大地上的异乡客"。

我们发现，例如在手机界面等全新的设计领域，基于庞大的中国消费群体，中国的设计师们在这些全新的领域显现出更了解消费者的优越性来。这个行业甚至吸引了诸如老罗这样的"非主流"人才的聚集，这说明由于他们认为自己更接地气，所以看到了这个行业的未来。无论是还不成熟的锤子系统，还是魅族或小米的系统及界面设计，都是针对中国消费者的优秀设计。而在这个可能会在世界范围内发生影响的过程中，作为"大地"而出现的模糊的"中国消费者"非常的重要。他们极有可能支持着中国创造走向世界——当然这一切的前提绝非是爱国主义，而是接地气的中国式设计。他们将创造出符合中国需要的产品，进而创造出建立在传统基础之上的生活方式。这不是

要去媚俗，去取悦于消费者（《功夫熊猫 2》与第一部的差距就在这里），而是在理解这片大地的文化之后，告诉消费者这才是你最需要的，这才是更美的，这样的生活方式才是最健康的！

这一切的难度常常被夸大，它只是需要时间而已。毕竟这一切，已经在不停地发生着改变。举一个例子，像咖啡店这种目前主要针对年轻白领的消费场所在三四十年后会是一个什么样的状况？显然，泡咖啡店的中老年人会越来越多！那种在公园街头围坐打牌和翩翩起舞的现象未必会完全消失，但至少生活方式的变化是可以预期的。要让设计研究与普通人之间发生关系，不能仅仅成为专业领域的知识，而要转化为大众的知识；要让生活方式的讨论成为一个可以自由进行的话题，让大家认识到习以为常的东西原来还是有人感到愤怒的，还是有高低美丑之分的。比如，通过举办有批评性的日常生活的展览，让所有人思考，我为什么喜欢这样的设计？我还有什么样的选择？这就是中国的传统生活吗？甚至反思，我的日常生活是怎么形成的？我真得需要这些多余的消费品吗？这样的生活有意义吗？

那么终于一天，这些裂缝是可以弥合的。它不是以焊接的方式被修复，相反，它会像生物一样自行恢复光洁的皮肤。至少从外面看起来，就像什么都没有发生过一样。有一天，回过头来看这个阶段，人们会对博物馆里的这个物体系感到惊诧的。人们甚至会怀念，那个时代真心好玩！

设计与创新及
设计与城镇化论坛记录

（节选）

设计与创新及设计与城镇化论坛记录（节选）

许平：各位领导来宾，各位专家学者，女士们、先生们，大家上午好！

我是今天上午北京峰会创新发展论坛主持人许平，来自中央美术学院，欢迎各位在美好的 10 月来到北京。北京的秋天如同北京城和北京人的性格一样，热情明朗、坦诚开放，当然秋天也不只有美丽的城市，也会有阴天、雾霾，如同现代化、城市化的历史进程，既是机遇，同时也是挑战。

本次论坛将围绕着城市发展中的机遇与挑战，展开关于"创意、创新、发展"的对话与交谈，正如本次峰会开幕式上联合国教科文组织总干事伊琳娜·博科娃女士在致辞中所说，文化才是创造的永恒资源。我的理解，这里面的文化既包含一种价值的延续，也包含一种思想的认同，而这种延续与认同就需要经常的、真诚的、多种方式的交流沟通。

因此今天上午我们在这里围绕着中国北京的城市发展、设计之都的建设路径来展开讨论，交换意见。相信今天上午的论坛将是一场精彩纷呈、体现智慧与诚意的巅峰对话。

首先，请允许我介绍今天上午的演讲嘉宾，他们是北京航空航天大学教授王华明先生，日本九州产业大学教授网本义弘先生，中央美术学院设计学院院长王敏先生，奥地利维也纳实用艺术大学教授艾尔逊·克拉克女士，北京小米科技有限责任公司副总裁刘德先生，上海同济大学创意与设计学院学长娄永琪先生，TED 中国区代表、上海同济大学中村中心徐宗汉先生，北京市建筑设计研究院副总建筑师吴晨先生，以及来

自全国各地各校的国内外设计界、企业界的知名专家、学者代表，新闻媒体界的朋友和出席本次创意城市网络成员的各位代表。欢迎大家！

在此我谨代表承办方对大家的到来表示热烈的欢迎和衷心的感谢！

今天上午的"创意、创新、发展"论坛将包括两个环节：第一个环节是主题发言，将围绕着设计与创新的主题，有五位专家发言。第二个环节是对话环节，将围绕设计与新型城市的主题，在三位专家之间展开对话，希望大家畅所欲言，为北京建设"设计之都"献言献策。

首先为大家演讲的是北京航空航天大学的王华明先生。王华明先生现任北京航空航天大学材料学院教授，同时是航空科学与技术国家实验室首席科学家、大型整体技术构建激光直接制造教育部工程研究中心主任。他演讲的题目是《增材制造/3D 打印：为未来装备制造技术和材料技术的影响》。有请王华明教授，大家掌声欢迎。

王华明：很高兴今天在这里跟大家交流科普一下有关增材制造，也就是大家俗称 3D 打印技术的一些个人观点，主要谈谈这个技术对重大装备高性能金属构件制造技术和材料技术的影响。

去年美国总统奥巴马宣布了一个"重振美国制造业"的计划，这个计划是要在美国建立一个制造创新的国家网络。这个网络要建十五所制造创新研究院，到目前为止建立的唯一一所研究院就叫增材制造技术

研究院。去年的 4 月 27 号，《经济学人》发表了一篇文章，封面上写的是"第三次工业革命"，主题思想是以 3D 打印为核心的数字化制造技术可能会改变社会的生产模式和人们的生活方式。

下面我简单介绍一下，到底什么是 3D 打印或者什么是增材制造。实际上增材制造或 3D 打印，是一种计算机技术出现之后产生的数字化制造技术。简单地讲，就是通过材料的添加，即所谓的增材实现任意复杂构件的数字制造。增材的方式可以是黏结，也可以是烧结，如用石蜡或者是树脂软化以后粘在一起；也可以是像搞焊接一样，用激光或者电子束去一层一层地熔化金属堆积制造金属零件。这种技术的原理就是把复杂的三维零件变成简单的二维图形，每一个截面就是一个平面图形，像做 CT 一样，一层一层堆积材料实现复杂构件增材制造。

因为今天谈的是设计，我觉得增材制造真正最大的潜力，是在结构设计、材料制备、零件制造的一体化。这三个东西一体化，使以前可以想象，但是做不出来的结构，现在可以把它设计出来，也可以做出来，所以这个影响比较大。

3D 打印可以分为三类：一类是制造非金属构件，这个技术 1984 年就出现了。这个技术原来叫快速成型或快速原型制造技术，它本身就是一种设计辅助手段，用于新产品的设计开发；但是从去年开始，在文化创意、设计创新等方面的潜力得到大家的高度重视。第二类我觉得是未来很有潜力的一个方向，就是生物组织、人体器官，如人体骨骼、耳朵等硬组织、软组织的培养。先通过 3D 打印的方式打印出一个生物可降

解高分子材料的支架，再植入体内或者是植入细胞放在体外长时间培养，就有可能培养出人体硬组织、软组织，甚至有朝一日培养出人体器官，这是非常重要的发展方向。第三类是，大概从 1992 年开始，通过金属熔化逐层堆积制造一些高性能的金属构件，这些构件是用传统方法制造的话，需要重工业装备，如万吨级的水压机才能锻造的。

增材制造大体上可以分为这么三类，这是《经济学人》封面照片，直接细胞打印人体器官 3D 打印。你看病人躺在病床上，生物 3D 打印机就可打印出心脏，但是这个我觉得它本身还不可能，即便有朝一日可能了，那也是生物科学的事情，不是 3D 打印的事。

第一类，采用增材制造非金属模型，实际上已经有快三十年的历史了，它主要用于新产品的设计，能够缩短产品的研发制造周期，降低研发的成本或生产成本，是一种非常有用、非常重要的新产品开发手段。从去年开始，它巨大的优势在文化创意、艺术领域、家庭教育等方面得到快速的发展，而且它的潜力会得到进一步有效的发挥。

这里顺便科普一下，严格意义上的"3D 打印"这个工艺，是麻省理工学院发明的一种快速原型制造的方法。简单地说它就是用打印机，跟我们说以前用的喷墨打印机一样。不同的是，它打印喷出来的不是墨水，而是胶水，把粉末材料黏结在一起，之后往下一降，再铺一层粉末，再打印喷出胶水，这样一层一层地把粉末黏在一起就得到三维复杂的实体。但是这种技术现在已经不用了，因为它做出来的零件太粗糙，精度也很低。当然后来发展起来的增材制造工艺就很多了，

像选择性激光烧结，用激光对石蜡粉逐层扫描烧结，粉末软了粘在一起，再铺一层，再一烧结，一层一层烧结，就烧结出来很复杂的结构。例如这是激光烧结的尼龙服装，通过这种方式可以打印出来。当然我们说这样的服装穿着未必很舒服，像铠甲一样，但是它具备这种制造能力。这就是所谓的家庭用熔丝挤出桌面 3D 打印机，非常小，放在桌面上，用塑料丝熔化后挤出来，一层一层熔丝挤出黏结堆积，就可以做出这样复杂的东西。这样的打印机大概就是两三千美元一台，很便宜。

第二类，用高能量的激光或者是电子束对金属粉末或者是丝材，一层一层地去熔化堆积，直接堆出金属零件。具体来说有两种主要方法，一是用很细的金属粉末，通过选取高速扫描熔化，可以做出像这样一种超级复杂的小型结构，这种结构使用传统的方法是不可能制造出来的。另一类就是用非常高的功率快速熔化堆积制造非常大的金属零件，用的手段可以是激光，也可以是电子束，把整个大型零件堆出来。这种方法适合去做一些特别大的零件，或特别难加工的零件，这种技术对重大装备制造来说是非常有价值的。这是为什么呢？可能大家不太熟悉，对一些重大装备的制造，大型金属构件的制造是它的核心，如 F22 飞机钛合金加强框这样的大型金属构件基于传统方法去做，需要大型铸锭制备、大型锻坯制坯、开模具、模锻，再切削加工，那要花很多的钱，这台 8 万吨模锻机可能就值二十多个亿，开一套模具可能要花几千万，然后去看一看用毛坯加工成零件，毛坯模锻件重达 3 吨，最终零件只有 144 公斤，就是 95% 以上的材料要被加工掉，这是很贵的。现在有了 3D 打印技术，可能其制造就很简单了，有零件的数模，一层层往上熔化堆

积钛合金材料，就可以堆出很精密的零件毛坯，省材料、省加工、省模具。所以这样就有很多好处，把材料制备和零件制造一体化，流程很短，也不再需要模具，也不再需要大型工业装备，所以费用会低，也可以快速反应，今天设计完，明天就可以开始构件的增材制造，后天可能就可以把零件打印出来，而以前光开模具可能就需要半年的时间，所以它有很多好处。

从这个意义上说，增材制造技术确实是带有一定的变革性，制造出的构件性能又高，流程又短，成本很低，这是它的一个优势。国外从 1992 年开始，到现在为止应该说还没有解决飞机等装备钛合金等大型金属构件的增材制造和工程应用，它到底难在哪里呢？一是难在热应力太大，零件严重变形开裂，很难制造出大零件。二是难在内部质量控制，大家都关心增材制造构件的外形，但构件里面的品质怎么样？它的性能怎么样？这才是最重要的，内部质量比外形要重要得多，如果打印出的零件的性能不行，就意味着它不可能得到应用。这里有几个问题需要解决，第一是能不能做大型构件，第二是做出来的构件内部质量和性能怎么样，第三有是没有大型的装备，第四有没有技术标准。如果没有解决这四方面的问题，增材制造技术是无法得到工程应用的。

下面我介绍一下北航在大型金属构件激光增材制造技术这方面的研究和应用进展，我们产学研结合大概进行了了近二十年的研究，应该说在工艺、装备和应用关键技术等方面还是走出了可喜的一步。到现在为止，可能我们在世界上还是唯一一个走到这一步的团队。第一，我们初步解决了零件变形开裂控制问题，我们可以做出一件这么大的零件，这个零件可能是传

统方法很难做出来的。第二，我们初步解决了构件性能的问题，我们制造出的产品品质是比较好的，性能达到锻件水平。第三，需要大型装备。第四，需要技术标准体系，没有标准任何技术都是走不向应用的。我们这个技术成果现在已经产业化，由中国航空工业集团公司主导，在北京市的支持下在北京昌平成立了一个公司，负责进行这项技术的工程应用。

在成果应用方面，从 2005 年以来，已在几种飞机上有应用，而且发挥了重要的作用，包括像 C919 大型飞机钛合金主风挡窗框，像这样的零件因为结构很复杂，去国外订购需要两年的时间，200 万美元的模具费。现在我们只需要 55 天，可能所有的钱加起来不到模具费的十分之一，它确实存在很大的优势。这是 C919 飞机机翼跟机身连接，这个部位是非常关键的大型钛合金构件，其实是很大的，这是采用激光技术制造的构件。它的优势在于如果传统方法做零件毛坯超过 1600 公斤，现在用激光器 3D 打印只有 136 公斤，可以节省很多的材料和很多的机械加工。这是另一种大型飞机钛合金构件，采用我们的激光增材制造技术制造的，像这样大、这样复杂的钛合金构件，采用传统工艺是制造不出来的。

下面介绍一下 3D 打印的前景，3D 打印本质上说是一层一层往上加材料，而且更重要的不是加，我个人认为更重要的是制备材料、合成材料，把不同材料复合在一起，这是它真正的优势和巨大的潜力，即结构设计、材料制备和零件制造三位一体，这是真正未来巨大的潜力。这对制造技术、产业技术，包括文化创意、艺术创作都会带来变革性的影响，只要是你想象出来，它就能做出来。第二个，在零件的数字制造

过程当中可以对它的材料进行合成、制备、加工，在增材制造过程中制备出高性能材料。我想这是它的两个重要特点，它会对装备的制造技术和材料技术带来影响。

习总书记对 3D 打印技术非常关注，前几天 9 月 30 日中央政治局就"创新驱动发展战略"到中关村集体调研学习。第一站就是调研高性能大型金属构件激光增材制造技术，我很荣幸向习总书记和政治局进行了汇报。

增材制造技术带来的影响，第一是对结构创新设计带来变革，以前根本不可能想象的设计，现在变得可能。例如这架飞机，原来这个区域可能是几百个零件，现在可以把它设计成一个，而且用增材制造技术可以做出来，而以前可以设计出来，但是没有任何方法能够把它制造出来。而一旦设计成这样，你可以想象，它跟传统几百个零件加在一起的情况相比，它的减重效果，它对飞机结构耐久性、飞机性能会带来多大的变革和影响。对一些多品种的、所谓个性化的高性能产品，用增材制造这种方法去低成本快速制造优势很大。另外，增材制造技术也会带来生产制造模式和装备维护保障模式的变革，例如航母上也放一台增材制造设备，也许以后所有的备品备件就没必要了；又如战场上坦克坏了，用移动式增材制造设备可以实现战场修复和备件制造，马上就可以投入战场。增材制造技术最大的优势，是对高性能材料制备的优势，重要的不是外形，而是材料性能。同样的材料增材制造后的性能可以比传统的高很多，而很多用传统的方法不可能制造出来的材料，现在采用 3D 打印很容易实现。采用增材制造更可以制造出很多种材料组成的整体零件，例如耐高温的地方用高温材料，耐磨损的地方用

耐磨损的材料，耐腐蚀的地方用耐腐蚀的材料。一个零件采用很多种材料熔合在一起，甚至还可以做出一些"超材料"，制造出现在不可能有的材料，制造出一些具有超常结构或超常性能构件。举一个例子，可以制造出具有超常功能、"违反自然规律"的材料和结构，例如可以做出这样一个梯度金属材料结构，它加热会收缩，冷却反而膨胀，"违反自然规律"，即负膨胀系数结构，其实它是一种梯度材料结构，这个地方用一种高强度的材料，这个地方用一种低强度材料，加热的时候都膨胀，但这部分强，这部分弱，弱的地方变形大而收缩，强的地方变形小，所以"热缩冷涨"。其实它不违反自然规律，因为3D打印能制造这种特殊结构。总之，采用增材制造这种方法可以创造出很多很新奇的东西。

最后我得说一下，对待3D打印我们需要冷静和理智，3D打印其实没有这么神奇，它仅仅是一种新的成型制造技术而已。制造技术大家庭有非常多的制造技术，每一种制造技术都不可能被别的制造技术取代掉。我觉得就像人一样，每个人都有他的优点和缺点，每一种制造技术都有其适用范围，增材制造技术仅仅是制造技术大家庭的一个"新成员"而已，它不可能像媒体上说的那样是一种颠覆性技术和取代传统制造技术，我觉得没有这种可能性。但是它确实带有变革性，它的变革性体现在结构的设计、材料的制备、构件的制造一体化和三位一体，这方面应该说它的优势现在还没开始发挥出来。

增材制造的适用范围，我个人认为，它的长处也是它的短处。现阶段如果说制造金属材料零件，我个人认为，对很便宜的材料和尺寸很小的简单零件，用

3D打印技术去制造，我认为一点市场都没有，因为用3D打印方法去制造，其成本会比传统制造技术贵得多慢得多，没有任何好处。适合3D打印制造的材料一定要贵，一定要难加工，零件尺寸一定要大，构件性能要求一定要高，这时采用增材制造技术去制造，其跟传统制造技术相比的优势就会很明显，反之则没有优势。假如说做一把手枪，手枪的核心零件就这么小一点，如果找一个熟练的车工、铣工，一晚上可以造几把枪出来，而且会非常便宜，肯定比3D打印要便宜得多，但是法律不允许，所以3D打印手枪没什么稀奇，也没必要。3D打印不可能颠覆传统材料去除加工，其实3D打印出来的金属零件还需要后续的精加工，打印状态不可能达到一个微米、两个微米这种尺寸的精度。

今天在这里大概跟大家交流科普一下有关3D打印的个人观点。这个技术对重大装备高性能金属构件制造来说，我认为它真正最大的潜力是对结构设计的变革和对材料技术的变革，制造技术反而居其次。这是个人观点，谢谢大家！

许平：谢谢王华明教授精彩的演讲，今天这个讲台是风云聚会，来自国家的工程技术方面最高级的团队和来自设计的团队在这里对话，其中的意义可想而知。3D打印大家平常说得很习惯，到这才知道叫做增材直接制造，这是它正式的名称。这样的一种技术，刚才王教授说的很低调，它只是制造技术中的一个环节，不会颠覆所有的制造技术。但是我们可以想象，它对未来的工程制造，对我们未来的设计带来的影响可想而知。

另外，王教授所率领的团队在激光直接制造技术

方面，已经取得了很好的成就，代表了一种高度、地位，也令人振奋，它的发展和应用会在一个很深的层次上影响我们未来的工程与设计，甚至影响人们的生活品质。王华明教授的精彩讲演为我们带来对这个技术领域更新的认识和更有前瞻性的了解，谢谢王教授。

接下来，给我们演讲的是王敏教授。王敏教授是中央美术学院设计学院院长、国际平面设计师协会会员中国区主席；2007年曾经当选为国际平面设计联合会副主席；任世界经济论坛达沃斯设计创新理事会理事、北京奥运城市发展促进会会员。他演讲的题目是《可识别的城市才是品牌与形象设计》，大家掌声欢迎！

王敏：大家好，很高兴今天有机会在这里就"创意、创新、发展"这个话题进行讨论。我想就从一个很小的角度，从品牌城市、城市品牌来谈设计师如何为城市、城市的发展做一些事情。

昨天国家主席习近平在留学生会议上说了这样一段话："创新是一个民族进步的灵魂，是一个国家兴旺发达的不竭动力，也是中华民族最深沉的民族禀赋。""创新"是现在大家都在谈的词，在创新的过程里，设计、设计思维、设计师工作的这样一个过程，实际上是创新的一个最好的体现。

因为今天要谈城市，在座的各位都知道，今天遍布中国的到处是失去自己特点的城市，是一个个无法辨识的城市、无法识别的城市。而今天中国发生的这种城市化的运动、这种变革是举世未有的。在这样的一个当我们所有的城市失去自己的特点，无法辨识、无法辨别的时候，设计师应该做什么呢？

我们的城市本应该是一本精彩的书，记载历史，讲述发生在那里的故事；城市也应当是一幅美丽的图画，不仅让游览的、旅游的人感动，也让居住在这个城市的人悦目赏心；我们的城市应该像是一个独立的人，有自己的性格、自己可辨认的形象、自己独特的吸引人的魅力；城市应当是像一个企业一样，知道自己来自何处，知道自己去向何方，有自己的理念，有自己的愿景。但是我们今天的很多城市，它们已经失去了，已经没有这些特点了。

我们该怎么办？作为一个设计师，作为一个品牌形象设计师，我想一个很有效的手段是利用品牌创立的方法，利用品牌形象产生的这样一个方式来"品牌城市"，由此将设计介入城市的发展过程中。我想城市这个话题是下一个环节要谈的，因为在座有好几位都是城市的专家、品牌的专家，但是我在这里就先说一些。

战略品牌管理专家凯文·莱恩·凯勒（Kevin Lane Keller）说过："像产品和人一样，地理位置或某一空间区域也可以成为品牌。城市品牌化的力量就是让人们了解和知道某一区域，并将某种形象和联想与这个城市的存在自然联系在一起。"

品牌城市不仅是一个地域概念或者是一个文化概念，也应该是一个品牌营销概念在城市发展进程中的一种运用。我想大家前些年应当看到很多城市已经在这么做了。纽约运用品牌策略、品牌推广的手段来建立和推广自己的城市形象；香港运用一个独特的形象来塑造香港的旅游特点、旅游形象，吸引游客。通过品牌城市，为城市确立品牌形象，建立一个视觉识别体系，改变城市的视觉品质，提高城市信息传递能力，这样城市可以成为可识别的城市。

在品牌城市的过程中，跟一个企业建立品牌一样，要考虑品牌的一些要素，在这里城市可能更多的是首先要有一个城市文化，有一个城市的文化与定位。城市品牌本质上是一个城市有别于其他城市的内在和外在的知名度与美誉度的凝结，是构成城市各种要素之总和。城市视觉形象包含了以下几个方面：城市文化与定位、城市标志、城市视觉导向、城市色彩、城市肌理、城市视觉秩序、城市空间设计，这些都是一些最基本的品牌城市的元素。

对于城市的标志、城市形象，在这里举一个例子，阿联酋首都阿布扎比将自己的阿拉伯文化特点与国际化的文字相结合，塑造了一个很独特的形象，阿布扎比的城徽采用英文结合阿拉伯文的字体特点来设计。这个形象可以用在旅游业里面，也可以在自己城市的发展进程中，让它成为凝聚这个城市的一个精神。

城市品牌成为一个发展蓝图，品牌建立所依据的清晰的品牌诉求、城市发展的愿景、城市自己独特的发展理念，为城市的长远发展来创造价值。在这里举一个不是品牌城市的例子，而是一个品牌国家的例子：澳大利亚运用自己的国家精神来树立品牌的过程。澳大利亚首都悉尼推出的自己的城市理念——无限辐射的中心城市（The Unlimited Radiation of Center），生动展现澳洲人自由人文和青春活力的城市精神。品牌城市可以让城市成为一个更好生活的地方、更好旅游的地方、更好工作的地方，品牌城市可以确立城市与区域的身份与形象。另一个例子是洛杉矶机场，LAX的形象。

品牌城市的过程让城市重新拾回失去的自己，让城市成为可识别的城市。在这个过程里面，城市可以运用保留自己的历史来形成自己独特的面貌，在这里是一个捷克小城市的例子；也可以运用一些新的建筑，像西班牙城市 Bilbo，用一个美术馆重塑自己城市的形象。

让城市不仅是可以识别的，也应当是可以辨认的。利用导视系统让这个城市具有自己的特点，让游客、让自己的视点能够轻松简单地找到自己要去的地方。在这个过程里面，导视系统也是城市品牌的一个重要过程。例如美国城市路易维尔的导视系统设计。

让城市成为一个宜居的地方。在品牌的推广过程里面加入城市家具的设计、城市交通系统的设计，让城市更便利，更宜居，让城市成为一个大家可以轻松愉快做事情与生活的地方。

让城市成为一个有细节、有品位的城市，让城市的视觉空间有序悦目。

我想在座的大家可能还记得北京在 2007 年之前遍布大街的是无序的广告、无序的商铺店面招牌。2007年整治之后，三环、二环、四环的街道、高速两边，包括街道上秩序要好很多。我记得 2004 年的时候，AGI 在北京开会，很多设计师都在讲北京真难看，我想他更多的是指街道两边的那些无序的广告牌、无序的这种视觉污染。

让城市成为可与市民对话的城市。通过品牌设计可以让城市成为可以与市民对话，市民与市民之间对话的城市，也通过品牌让市民之间有一个精神的连接、精神的沟通。

最后还是回到城市要成为一个个性化的城市。这里是一个很小的例子，一个小小的候车站通过设计变得有特点，让人记住这个城市，这是荷兰的埃因霍温创意候车亭的设计。

城市品牌甚至是一个系统工程，从小到一个下水道的盖子、导视系统到城市的家具、交通的设施、售报亭方方面面在一起，形成一个完整的品牌形象。品牌城市的过程实际上跟一个企业是一样的，品牌企业的手段同样适用于一个城市，像可口可乐的品牌大家都知道，这么多年坚持在诉说自己的品牌理念，尽管它有各种各样不同的色彩、不同的文字，但是结合在一起它还是在诉说一个故事，诉说一个理念，一个可口可乐的理念。

在这里，我给大家看一个案例，是我的合作伙伴，一个荷兰著名设计师，登贝设计的前创意总监博恩（Michel de Boer）先生在韩国做的一个案例。Unjeong City 是一个小城市，25 万人，在三八线的旁边。它是一个崭新的城市，当这个城市建立的时候，它需要找到一种精神、一种形象，设计师对这个城市做了分析，对这个城市的发展理念，对城市的品牌要素、特性进行了分析。最后找着了自己的视觉语言，从韩国古代罗盘得到了视觉的启示，最后用一些点、一些圆圈来

象征一个新城市的人的聚合、人所走过的不同的痕迹和他们的沟通交流，由此形成一个视觉体系，运用在城市几乎所有的地方，如下水道、交通牌。这还是正在进行中的一个项目，还在继续做。大家可以看到同样的视觉语言运用在不同的地方，也包括多媒体手段的使用，将这个城市连接在一起。

通过中国设计师的努力，我相信我们可以把城市的形象加以提升，让城市有自己的个性。有的已经失去了，也许通过我们的努力，我们会找回一些来，我们可以重新建立一些，我们可以通过设计师的努力让我们的城市生活更美好。谢谢大家！

许平：王敏教授是一位长期在平面设计专业有建树的专家，但这次他把视角从平面转向城市，他的演讲不仅把城市的人心驰神往那些领域的细节、城市形象的个性展现得非常淋漓尽致，同时还思考中国目前的城市在失去个性、失去品位的建设过程中到底发生了什么。我想他的这种思考会在下一位演讲者思考发言中得到响应。

接下来，为我们演讲的是刘德先生。刘德先生是小米科技联合创始人、副总裁，在互联网和工业社会领域有着丰富的实践和经验。他演讲的题目是《互联网模式下的设计创新》，将与大家分享互联网开发方式对商业创新、设计创新的影响，以及北京的地缘优势对创新的影响，欢迎！

刘德：大家好！我今天想以一个设计师和创业者的双重身份在这里跟大家分享我在小米过去三年里的一些感受和经验，我觉得大家可以体会到互联网对未

来的设计以及未来的产业将产生深远的影响。

我们为什么三年前会选择北京？北京无疑有最好的地缘环境的优势，在这里有好的创新环境、产业政策和创业政策。更重要的是只有在北京，你能够在很短的时间内集结起一批有国际水准的人才。

"小米"这个名字很低调，因为它更适合于一个互联网状态，它是亲民的、低调的，它的英文简称是Mobile Internet，所以我们认为小米不是一家手机公司，小米是一家移动互联网公司。我本人更欣赏这个解释，就是mission impossible，小米是把一堆人紧凑在一起，带他们去完成一项看似不可能完成的任务。

小米手机是第一个互联网手机，我们是第一个用互联网的方式来设计和研发手机的，同时小米又是一个软件、硬件、电子商务、互联网服务一体做的铁人三项的公司。这是小米员工的一张照片，小米员工现在平均的年龄还不到30岁，是一家非常年轻的公司。

大家知道在互联网上做手机，在互联网上卖手机，非常重要的是如何取得用户的信任，你在网上卖一个价值20块钱的T恤衫很容易，但是当你在人们没有看到、摸到一部价值2000元手机的时候为它买单，是非常困难的。所以这里边有个重要的问题，就是你如何取得用户的信任。

三年前我们发布了一部小软件MIUI，我们希望这个软件慢慢能够帮我们取得用户的信任。在这个软件的开发过程中，有别于传统的软件开发，我们每周把还不够成熟的软件放到网上去，免费地让大家试用，

这样的话我们在论坛上收集大家的意见反馈，到底这个软件要怎么做？怎么改？有什么新的功能？有什么新的改进？然后我们在下一周里边把做好的又一个版本再放到网上去，这样的话久而久之，我们每一个功能就有大量的用户来参与它的设计，参与它的改进，为它提供各种意见，所以每一个小功能至少有十万人参与测试。这样我们能够让一款软件在网上迅速地叠盖、迅速地完善，很快地从一个全新的软件成为一个成熟的软件。

我们大概用了半年的时间，网上有150万人参与了小米软件的研发，这150万人他们认为我是小米这个软件开发的一部分，我是这个产品的一部分，就会自然而然成为这款产品的推广者。我记得用六个月的时间，全球粉丝们为小米建了16家粉丝站，义务地把这款软件翻译成23种语言，我们对这款软件进行了超过100项的基于中国的使用习惯的改进。现在MIUI基本已成为全球最大的手机主题库，还有1000种主题，有上万种的组合，大概在全球有2万设计者。在做平面设计的人应该知道，一家公司如果拥有几千种的UI界面，大概至少需要数以千计的设计师，但是小米的这些设计都是我们通过互联网的方式、互联网的网友义务地为小米设计的。

我记得当论坛的人数达到150万人的时候，论坛上开始有人说，既然这家公司能够做这么好的软件，这样的一家公司应该做手机。大家注意这个拐点，就是小米手机不是我们强加给用户的一个产品，是用户千呼万唤始出来的一个产品。在互联网上卖手机，最重要的是考验你的互联网动员能力，到底能够动员多少人在网上关注你的品牌、关注你的新产品。我们当

时做了一个小游戏，在网上发起"我是手机控"这么一个主题讨论，让大家善意善说，在过去的时间里你都用过哪些手机，你到底需要一部什么样的手机，你需要手机有什么样的功能？其实这个活动我们五天动员了80万人参加。最有趣的是，我们用这个活动帮我们定义了我们到底要做一部什么手机？手机该有什么样的功能？

以往这种调查大概都是公司里散发出去的调查问卷，用传统的方式调查。小米手机几乎所有的元器件都是世界一流厂商的元器件，当时我们用了半年的时间说服了世界五百强向我们一家刚刚成立的不知名的小公司供货，这是非常困难的。目前小米手机的供应商应该讲90%都是苹果的供应商，这就是为什么苹果供货一紧张的时候小米供货也会紧张。有了好的产品，你还要在网上找懂你产品的人。我们当时在网上形成了极客群体，极客是什么呢？极客就是手机的发烧友，大家平时有这种经验，当你要买一部手机的时候，你往往问一下你周围的朋友，懂手机的人说，我要买一部手机，我该买什么呢？这批人就是极客，因为他们最懂手机的配置，最懂手机需要什么样的功能。我们通过这批人来慢慢影响他周围的人群，然后再通过这些人群的影响慢慢扩大品牌，再由品牌去影响更多的人，由此来推广小米。

至此我们推出了性能几乎跟苹果能够相匹配，但是价格只有它一半的高性价比的手机，用全新模式在互联网销售，而且不依赖于Internet赚钱。所以大家可以看到我们用这种号召大家在互联网上一起参加产品的设计、产品的研发的方式，推广了小米的粉丝文化，然后用一种高性价比的产品杀入手机这个原本是红海

的一个红海市场。

2011年我们推出了首部手机小米1。我记得当时在试销售的时候，我们每天达到200台在网上试销售，大概每次需要1秒钟，1秒钟是什么概念呢？就是你的电脑刷屏的一瞬间，你已经被淘汰出局了，你买不到了。所以那个时候我们全年的产能30万部，我们当时向日本人订了30万套元器件，但是这30万台我们只用了34小时就把它卖掉了。2012年我们推出了小米2手机，作为设计师我觉得在小米2的时候，我们慢慢找到了小米手机应该有的一种风格，它会更简约、更年轻，应该说更有小米感。2012年我们大概卖出了700万部手机，销售收入126个亿。其实今年我们上半年，整个上半年的销售收入已经远远超过了去年和前年。

小米手机2，我觉得这是一个适合于年轻的手机，截止到今年9月，在第一个产品里，它卖了超过1000万台，这是个什么概念呢？这是全球除了苹果、三星galaxy系列以外，只有小米做到了单款智能手机卖到了超过1000万台。这是小米产品的发布会，每年我们举办一次产品发布会，一次米粉节，大概都会有将近5000人来参加，我们也是第一次通过卖票的方式来开发布会。

今年推出的小米3手机，它是5寸大屏，更薄、更简约、更适合年轻人的色彩，还有多彩的保护套，可以做手机支架。今年6月份我们还推出了小米电视，小米电视是小米手机向大屏的延伸，我觉得我们主要做了两个工作：第一个是从概念上重新定义电视，什么是互联网智能电视；第二个是从设计上让电视更简

约，超窄边、超薄，然后给它赋予更多的色彩，让它更年轻化，我们把它定义为年轻人的第一台电视。这是小米电视的发布现场。

我觉得小米的产品是以手机为核心的，这是第一个 level；第二个 level 是手机周边的手机配件，像手机保护套、耳机、小音箱；第三个 level 是小米生活方式类商品，比如说服装、鞋帽、背包、雨伞，这是我们通过手机作为小米品牌的引擎，慢慢把小米的生活方式推荐给年轻人，由此达到品牌推广的目的。

有空大家可以上网看一下，这是小米所有的手机配件产品。米兔，这是一个小米的吉祥物，小米设计师设计了不同风格的米兔。在过去的两年里卖掉了 40 万只兔子，你知道 40 万只毛绒兔子、毛绒玩具，即使在毛绒玩具产业也是巨大的数字。这是小米的帽衫、小米鞋、小米帆布鞋、小米 T 恤。其他品牌的 T 恤衫如果印上这家公司的 LOGO，这叫广告衫，是要送给别人的，但是印上小米 LOGO 的 T 恤衫，就是小米本身最喜欢的小米文化产品，我们今年夏天大概卖掉了超过 25 万件 T 恤衫。

所以，有什么样的价值观就会有什么样的企业，我还记得小米刚刚成立一年的时候，有个兄弟问我说，他说"德哥，我们公司的核心价值是什么？"我说"兄弟，抱歉，我还真的没想过这个问题，但是有一点是可以肯定的，就是一个有大成的公司，它一定应该促进社会的进步。"你想一想小米卖手机，我们用这么低的一个高性价比的价格卖智能手机，让中国一代年轻人极早地进入移动互联网时代，实际上这是在推进中国移动互联网时代进步。所以一个推进社会进步的公司才可能成为大成的公司。

今天在一个互联网环境下，任何一家公司、任何一款产品都是在互联网上被几百万人盯着，所以作为今天的互联网公司唯一能做的就是不要在几百万观众面前抖机灵。你唯一能做的就是真诚和透明，我们有个口号："小米是透明的。"每年我们都会举办各种媒体、用户以及小米家属对小米的参观，带他们参观产线，开放我们的仓库，开放我们配货中心，开放研发中心，让大家看一看小米到底是怎么回事儿？小米是一家完全开放的公司、透明的公司。向你们解释，我们在做，只有营销，仓库里的确没货，我们产线已经百分之百开满了，这是小米的口号。全心全意为米粉服务，做一家有粉丝的企业，认认真真做产品，踏踏实实做企业，全心全意为粉丝服务。

小米有今天，我们非常感谢全球 2500 万的小米粉丝和小米用户。大家不知道小米的粉丝有多疯狂，他们能在头上贴上小米的 LOGO，他们用小米粘成手机来送给我们。这是一个农民家庭，他送了一副对联给小米，上联是："种小米吃小米养活几亿人"，下联是"买小米用小米幸福千万家"，横披"小米最牛"。他们收集各种各样的小米的产品，甚至一个新的包装袋，比如说他到小米之家去，拿到了一个新版的袋子，还会晒到网络上。这是小米各地的粉丝给小米的礼物。

一个公司很重要的是要有一款好的产品，要拥有信心能把产品做好。当产品被认同以后，大家会认同你公司的文化，以此成为你公司的粉丝，传播你的品牌。这样的话，你才能建立你的品牌与用户之间深刻和紧密的情感联系，因为米粉所以小米。

我觉得小米是一个年轻的公司，我们这些合伙人平均年龄已经42岁了，所以我们一直提醒自己说，我们永远要年轻15岁想问题，永远要站在年轻人的角度想问题，米粉需要的就是小米要做的。

这是全国各地米粉自发组织的活动，还有他们在各个城市组成了小米同城会，这些都是自发的，这是全国各地的米粉给小米送来的创意设计。小米设计部门设计师很少，手机设计师大概有四五个人，配件设计师有三四个人，还有CCM设计师，我们配件设计师去年三个人做了117项产品，有69项都进入量产。之所以有这么高的一个设计密度，我们依赖的是大量的全国各地的米粉帮我们提出的设计的概念和意见。

小米用了三年的时间，每年迈一个台阶。我们2013年完成了100亿美金的新一轮研究，100亿美金是个什么概念呢？大概相当于两个黑莓和半个索尼公司，所以我们用了三年的时间。

我想说小米是用了一种互联网的方式来尝试到底在未来，互联网对设计、对研发、对商业、对电子商务有什么样的影响。非常感谢大家能在这里听我演讲，谢谢！

许平：感谢刘总与我们分享了一个关于小米的故事，这个故事其实告诉我们品牌真的是做出来的，品牌是用心浇灌出来的。

几位演讲者的发言就到这里，下面是另外一个环节——圆桌对话。在这里我们做一个说明，时间稍微有一点紧张了，可能要把茶叙停掉，我们直接进入下面一个环节。

我们这个环节首先请两位及其对话的专家，每个人上来做五分钟的主旨发言，完了以后请他们坐下来跟我们在场的听讲者进行对话。各位有问题也可以准备，另外也可以针对上午的演讲，有什么问题也可以提问。

现在就有请下一个单元的第一位演讲人上海同济大学设计创意学院院长娄永琪先生，有请。

娄永琪：我直接开始。今天我要给大家分享的一个项目是我们团队大概做了六年的项目——"设计丰收"（Design Harvests）。题目有点大，是讲怎么去设计一种状态：城市和乡村之间的交互。

现在全世界的设计学院都在讲设计变革，其中有一点趋势就是设计变大了，用一个国际的语言来讲就是Design Thinking，是讲如何给设计插上两个翅膀：一个是技术，一个是商业模式，以完成由创意（Creation）向创新（Innovation）的转变。这种整合式创新正在改变设计教育和设计产业。设计驱动的创新，正在推动全球经济和社会的变化，新的秩序正在形成。

中国正处在快速的发展转型期，很多地方存在问题，但如果从设计思维的角度来看，问题其实就是机会。哪里有问题哪里就需要设计，同时这些需求背后意味着新的机会。

在中国大命题中，其中有一个我认为非常重要的就是城市和乡村之间的关系。城市化改变了中国，中国的城市化改变了世界，现在它已经成为了一个世界命题。但我们必须要去思考，发达国家的现状是不是一定就是我们的未来？按中国传统的文化，城市和乡村一直是一个相互交互的平衡体。这是阴和阳的关系，城市问题的解决不能够仅靠城市自身，而应该和乡村结合起来一起考虑。同样，乡村的问题的解决也必须和城市结合。

带着这样的思考，六年前我发起了一个项目，就是今天介绍的"设计丰收"。当时，我在想到底设计可以为"城乡发展"这样的一个大命题做什么？有一点可以肯定，这个设计一定不是做一些锅碗瓢盆的设计，而是"放大了"的设计，也就说是可以起到战略作用的创新设计。

在这个项目中，我们的基本思路是希望设计能够被当做一种工具来促成城市和乡村之间物质、资金、人流、职业、机会等各种各样的交流和互动，这种阴和阳交互平衡的状态是中国城市和乡村之间最好的一种关系。对中国来讲，现在50%的城市化率也许是中国现在最重要的一个创造全新发展模式的机会。所以，基于我们的研究，我们采用了一种思维，叫做针灸式的设计策略，也就是通过点状的，但是成系统的设计干预，对城乡社会和经济系统产生一个整体的影响，就如我们中国传统的针灸医学一样。

在我们做了三年左右的研究后，得出一个阶段性的行动策略，就是我们希望在中国农村推动一系列紧密联系的创新中心。这些创新中心本身是多功能的：它既是一个社区中心，也是一个创业者的孵化中心，也可能是承载了非常多的文化功能，比如是乡村知识

和文化的教育中心等。这个创新中心既是物理存在的，同时它也是虚拟的，这个虚拟主要是通过互联网、物联网和城乡生活、生产紧密相连。

我们强调"设计驱动的研究"，反馈型设计实践和理论研究紧密结合。希望能够通过设计，发掘和放大乡村生产、生活方式的价值，对接城乡需求和资源。城乡交互服务和平台的开发，需要全新的商业模式、人才团队和就业岗位。这里蕴含的机会，可以吸引年轻人到乡村去创业。我们的工作可以用三"创"来概括：创意、创新和创业。2008年起，我们在上海崇明的仙桥村开始做一个小小的原型实验，用设计思维发现乡村资源和用户需求，进而通过设计的干预、设计的介入，对其进行提升和整合，并通过商业模式和服务的设计，实现资源和需求的对接。"针灸式"的设计，提倡的不是大刀阔斧的"建设思维"，而是基于对社区的理解的"调理思维"。充分利用现有的乡村资源是一个原则。我们在仙桥村的创新中心的第一部分，是一个塑料大棚。它是村子里现成的，我们把它改造一下，这可能是乡村最容易获得的一个大空间。在这个空间里，开发了非常多的商业模式，包括团队建设、采摘、手艺作坊、乡村知识传授等，来支持城市与乡村之间各种交互的实现。

同时我们也改造了若干空置民宿。由于空心化现象，崇明乡村的农房有近1/2的空置率。我们这个团队设计和改造了两个农民房，成为特色民宿，一个叫"田埂"，一个叫"禾井"。良好的设计，发掘出了乡村的质朴、自然、清新的质量。

在这个项目进行过程中，怎么和当地的居民进行

交互，这是一个非常有意思的话题。我们有一个社区照片展的传统，这是一个没有任何技术的交互设计。我们把做田野调查的照片，定期在乡村的社区中心做展览，邀请村民来参观，碰到他们自己的照片，或是他们喜欢的，就可以拿回去，最后照片拿光了，展览就结束了。我们用这种最简单的方式去建立团队和当地社区之间的信任关系。当然，也通过在全世界做展览的方式，包括在芬兰赫尔辛基国家设计博物馆、法国圣埃蒂安双年展、深港双年展等，把这种想法在一个更大的范围内进行扩散，同时吸引更多的人加入到这样的进程中来。

基于设计研究，我们把工作按照两个轴分成四个象限：一根轴线是"城市——乡村"；另一根是"实体——虚拟"。我们从乡村和实体的创意中心开始，慢慢希望开始走向城市和进入数字虚拟网络。通过促成更多的创新中心的产生，最终能够形成一个"小而互联"的协作网络。我们之前的工作主要是把城市的资源带到乡村，而现在我们考虑的重点是怎么把乡村的生活方式和资源带到城市里面来。这就是基于城市的创新中心，我们找到的一个点是基于社区的都市农业体验中心，现在我们开始在城市里推广小而互联的都市农业。

比较有意思的是，2007年的时候，只有同济一所学校在做这样的研究，做了几年之后越来越多的学校开始加入了进来，比如说清华大学、中央美院、湖南大学、江南大学、香港理工大学等，现在中国比较好的设计学院都开始有了城乡交互相关的项目。设计进入到"城乡交互"这个领域，不仅极大地拓宽了设计的应用领域，推进了设计学科自身理论、方法、工具的发展，同时，与中国问题和中国发展结合的设计，

才是接地气和最有生命力的设计。

因为时间关系，我就介绍到这。下面还可以留一点点时间来回答问题，谢谢大家！

许平：在今天这个论坛上，如果说我要问，在今天的世界上中国设计能够做什么？将来可能会有无数的答案，但是我想指出四个基本的事实：第一个，中国可能有世界上规模最大的制造业；第二个，中国可能有世界上最大规模的互联网；第三个，中国有目前世界上最大的教育体系，中国现在有将近200万到300万人在学设计专业；另外，还有一个事是不能忽视的，中国还有世界上最大的项目圈子。就是刚才娄院长他们这个项目的实验，中国的乡村是中国留给未来的设计最好的一个地方，这一块有太多的设计需要做了，所以我非常重视娄院长做的这个课题，我认为他可以给我们提供下一个设计的拓展，会有非常重要的示范意义，感谢娄院长。

下面一位，我们请北京建筑设计研究院副总建筑师，也是在国内率先开始进行城市复兴理论研究的专家学者吴晨先生。吴晨先生的发言内容非常丰富，但是时间关系，他可能得忍痛割爱，有请！

吴晨：大家好，补充刚刚许老师的话。刚才许老师说了几个方面，中国有世界上最大的四个方面的领域、设计的因素。同时我们还有一个最大的挑战，就是中国面临着世界上最大的，也是最严峻、最有机遇的，就是城市化的一个挑战，我们官方叫做城镇化的挑战，即西方的城市化挑战。

今天实际上是一个命题作文，因为我今天凌晨1点钟刚刚从美国飞回来，所以我准备的PPT比较长，但是我尽快给它讲一下，"以城市的名义来进行设计"。

这个是原来准备的一些主要目录。中国城市化背景刚才教授已经提到了，这个在两年以前已经达到了50%，但是在国际上这50%是一个非常值得注意和关注的数字，也是一个警戒的数字。据统计，英国在1851年的时候达到了50%的城市化率，美国在1920年代达到了50%的城市化率。在这两个大的节点发生了很多重要的一些历史性的事件，包括英国大量疾病的蔓延，包括雾霾的产生；美国在1920年代达到城市化率50%之后，紧接在1929年出现了漫长的经济大萧条，这个在很多历史上都有特别重要的记载。所以我们现在既面临着很大的一个机遇，同时也面临着非常重要的一个挑战。

其实我们这个50%的城市化率，应该说这个数字是有一定问题的，它在土地上是发展非常迅速的，但是在城市人口的增长上是低于城市化50%这个数字的。所以我们认为现在具有一个挑战。在50%的时候出现很多的问题，包括雾霾、交通问题，如果这一轮城市化如果能够健康发展，对于中国未来二十年的时间可以起到一个可持续发展重要的支撑作用。所以预计在今年年底、明年初开完十八届三中全会之后，还要举行全国城市化的工作会议，这是一个历史性的会议，历史性的一个事件，我们也非常关注。

面临的问题是，现在我们整个的城市化是以一个质量不高的隐忧，以土地的资源来换取高速的、粗放型的城市化，没有关注到人。李克强总理也提到，城市化没有变成人的城市化，而仅仅是土地的城镇化。如何关注人的城市化呢？我们就说设计为先导的城市化，以设计为先导的城市复兴是我们一个必由之路。城市复兴应该说是在上个世纪80年代在欧洲兴起的一个理论思潮，它是应对更高层次、已经经历过城市化之后的一条城市发展之路、一个挑战。城市复兴指的是在城市进行衰败过程之内集中出现的时候，用综合的手段来引导城市的发展，包括经济、社会公平、城市空间结构的调整，使它全面达到一个城市化高的质量。

在我们国内，包括"十一五"、"十二五"提出振兴东北基地，包括棚户区的改造等问题，其实都是可以纳到城市复兴的范畴或时间范畴。我们往往说成功的城市复兴应该是以城市设计为先导的。

下面在我们实践当中进行一些介绍。我们觉得在大量的农村人口涌入城市之后，尤其是城市中心区在不断地涨高和涨密，城市空间更加立体化，城市问题也更加相应地激化，如公共空间的匮乏、人车的拥挤，特别是北京环境质量的下降。

城市土地高效的利用实际上我们觉得在我国城市立体化、集约化发展的宏观趋势和背景下，需要进行研究比例高密度城市化针对性的设计策略。我们从前年开始对于北京金融街核心区总体规划进行了深入的研究，我们这个研究是跟英国剑桥大学共同来组织的。金融街核心区指的是1.18平方公里非常狭小的区域，但是大家不要忽视这1.18平方公里，它对北京GDP的贡献超过了35%以上，它面临着如何更好地去解决北京的经济发展，如何更好地去吸纳更多的产业工种。所以我们结合经济核心区1.18平方公里，又对周边的数个平方公里，一共是八个平方公里进行了全面的研究。这个研究历时将近两年，以生态文明、无缝设计、产业研究为核心，然后提出了若干的建议，包括轨道交通战略加密，提出蔓延体系、高密度开发、开放街区和地下空间的整体开发等。特别是我们从2009年开始就提出了一个非常大的设想，二环全部下穿，我们经过缜密的研究，在技术上认为是可行的，从阜成门到复兴门二环路全部下穿，这样可以给城市提供一个十公顷大的中央公园。

我们现在正在进行的就是包括CD核心区的规划和建设工作，包括北京市最高楼的设计——528米中关村的建设，现在已经在进行基础设计。这个也是一个非常重要的对北京东部整个城市建设、高密度开发非常重要的案例。这个项目在2010年中标，目前正在进行设计当中。

那么城镇化这个实践探索另外一方面强调地域文化在设计当中的作用。关于地域文化，我们希望的是在城镇化的快速发展过程当中，防止片面现代化的观念对优秀传统文化的冲击。接下来，我们在门头沟新区整个新的米格西岸的传统设计当中秉承了中国传统设计的轴线关系，因为这是整条长安街向西延，正对的就是定都河，当时明代的杨广他们定都北京的时候，就是在定都河上，定都在山峰上来进行对北京的轴线定位。我们特别注重米格，包括跟整个群山、燕山山脉，包括跟定都河的关系，这个是完成以后的情况。

另外，我们历时六年完成了无锡古运河清名桥这个街区的整个复兴规划和实施。1500米长的实施，它已经成为江南地区重要的一个旅游集散地，包括我们

工艺产能的改造，如我们把1929年的一个丝织厂转化成一座中国丝业的博物馆。

现在我们还正在进行当中的项目是北京大栅栏地区保护规划。这个项目已经历时十年，现在已成为北京设计周重要的一个据点，今年北京设计周当中获得广泛的关注。左下图就是红色的位置，它跟发展的关系，现在正在设计当中。我们还正在进行中轴线、北中轴，就是天安门外到鼓楼地区的改造。包括地板的改造，现在这个地板的一个情况是，大家可以看到街道边上，这是一个地铁出站口，我们把它整个的地板根据新功能进行全面改造，因为原来尺度太过于庞大，跟整个中轴线宣扬的这种辉煌的气势不相上下。同时地铁出入口也阻碍了整个中轴线的一个景观。我们的创新在于提出了一个下沉式的地铁出入口的概念，这是地铁出入口和地板改造以后的情况，现在已经开始施工。

新城镇化实验探索另外一个方面是对于大型工业企业转型后的运用。我们从2007年开始，对首钢地区进行了全面的更新设计，目前已经开始启动，但是我们这个工作分成三个层次，包括首钢主厂区，包括在84公顷的首钢二通的厂区，包括一个厂房的改造，实现了从规划到建筑完成的一个案例。这个是首钢主厂区规划以后的一个情况，这个是首钢二中厂区，这个是中国动漫游戏厂的所在地，84公顷的棕地在利用。这个是我们改造的一个厂房，这是改造之前，我们也创新地提出了将新的办公楼植入进去，这个是改造之后的现况。

此外，对大规模开发和小尺度精细化设计也是我们在城市当中一个要研究的方向。我们以长阳儿个区

为例进行小尺度研究，这个是长阳大面积的由开发商所建设的居住空地，整个的城市空间、公共空间是非常无序的，而且非人性化。我们承担了北京市这个课题，对长阳这个公共区域进行全面的更新设计，跟开发商和政府进行合作，对现有已经完成的部分进行整体改造。

这些是我们在城市复兴这几个领域中所做的一些努力和实践。

许平：之前提到四大基本条件的时候，我想说城市化来着，没敢说，因为我不敢判断中国现在这么大规模的城市化浪潮是机遇大于挑战还是挑战大于机遇。这个事现在最好是由吴总来表达最好、最合适，刚才他果然给我们介绍了，在这个过程中他们做的一系列工作，一会儿我们还可以跟吴总再进一步的展开讨论。

下面我们请娄永琪先生、吴晨先生上台来，我们来做当场的一个对话。我们抓紧最后十分钟左右的时间做对话，下面有提问的吗？

提问：我想问一下，城市有城市的繁华美，乡村有乡村的自然美，在这种城镇化的发展中，我们怎么能让历史不留下遗憾，并且我们怎样让这个城市和乡村都有一些具体的进步和发展？

许平：你是希望哪位来谈？

提问：我希望是同济大学的娄永琪老师。

娄永琪：乡村和城市可以分别代表阴和阳。一个是城市生产生活方式，另外一个是乡村生产生活方式。阴阳和谐，各有各的优点和缺点。不是说以一种方式取代另一种，而是怎么能够让两种生产生活方式都能够存在，都能够有高的质量。现在是时候重新定义我们质量的时候了，以前高、大、快、亮为特征的质量是主流，现在小、慢、内敛、精致的新质量体系需要重新被架构起来。

我们想到乡村，现在的一般印象一定是脏、乱、差，没有机会，其实想一想，倒推过去，这些都不是乡村应该有的特征。即便不说环境，乡村也可以有好的服务、好的教育。历史上，这么多了不起的人实际上都是从乡村出来的。在那个时候，在乡村也可以接受最好的教育，一个读书人也有机会通过科举考试，进入到城市，为这个国家来服务，退休后又回到了乡村，反哺乡村的建设和管理。而现在去乡村看看，知识分子严重短缺，这可能是一个最大的问题。在这样一个大情境下面，我觉得一方面国家需要一个战略，另一方面设计学科需要积极地为这样的一个战略提供各种各样的解决策略。

回到最后，我再讲设计可以做哪些事情？第一，是解决问题（Problem solving），提供策略；第二，制造感觉（Sense making）；第三，创造价值（Value creating）；最后是提供一种新的思维方式（Ways of thinking）。

许平：下面准备的问题也可以针对其他讲演者。另外，其他讲演者对台上的讲演者有不同意见的也可以提出问题。我想在第二个问题抛出来之前，我抢先，我想先问一下娄院长一个问题，因为我关注您那个项目时间很长了，我一直想听您很清晰地回答我一次，就是根据您的体会，您觉得你们在那做的一切真的是给当地的生活带来了什么？还是他们被你们设计了？

娄永琪：这是一个很尖锐的问题，很有意思。如果要仔细去回答您的这个问题的话，我觉得首先我得说我们的策略是协作设计（co-design）。就是说在这个过程当中，我们希望和社区一起进行协作设计。协作设计是我们很重要的一个原则。但是比较有意思的是，我们做协作设计的时候还考虑了一个"时间"的概念。也就是说协作设计的主体，不一定就仅仅是此时此刻在当地社区生活的村民。他们当然是我们协同的对象，但并不是全部。现在到我们村里看看，基本上老人在那，没有机会的人在那，年轻人都不在，受过教育的人更不在。我们现在在讨论的一个情境是，怎么能够让更多的年轻人、受过教育的、有能力有资源的人进入乡村，而这些人也是我们"协作设计"的主体。怎么让这些现在不存在的群体进入乡村，参与我们的协同设计，这本身是设计的一个部分。

我们做的，仅仅是一个小小的实验，实际上我们做的是一个原型（prototype）。我从来不认为我们这一个小团队可以做多少事情，而是通过一个小小的原型，发现乡村发展和城乡关系的一些新的可能。然后通过生态系统的设计，让更多人参与设计的进程中来，从个体设计进化到社会创新设计。在这个过程中值得欣慰的是，我们可以看到这个团队越来越大，从我们开始介入的时候到现在，参与者的背景、年龄、职业等都越来越多元。我觉得这可能是一个滚雪球的效应，我希望在不远的将来，跟我们面对面来讨论的村民，会有越来越多的新当地人，这些新的当地人既可能是回村的年轻人，也可能是城里的年轻创业者，他们成为社区新的主人。

许平：原谅我还要再追问一句，你们在项目中有没有一种设想，就是防止这样的实验变成另一种形式的城市化，或者说肆意的城市化？

娄永琪：这个应该不会，因为一开始我们就是反对单一的"自上而下"的城市化模式的。而是鼓励更多的"自下而上"的变革。因为实际上讲到社会创新，讲到中国有没有条件做社会创新的时候，我觉得在某个层面上来讲，中国其实很长时间一直是一个自上而下和自下而上相结合的社会，因为1949年以后的中央政府的权力才在中国历史上第一次进入到了乡村。以前王权只到县这一级，县以下是基本自治的。

所以如果说回到历史文化这个角度去看，社会创新在中国有它存在的文化基础和土壤。甚至之前我们也提到"自上而下"的政府权力应该从乡村适当地抽出来，比如说是城市规划和管理，只负责基础设施和公共资源的配置，而把社区营造的事情留给村民。这样的话，"自下而上"和"自上而下"的平衡就更加容易实现。

许平：非常欣赏您回答的思路，因为刚才涉及一个重要的问题，确实中国近百年的历史中，从辛亥革命到后来的民国政府，一直到50年代，其实前两届都没有把改革真正触及乡村，是50年代之后对乡村有了一个彻底的改变。这个改变然后在这个基础上再去建设一个比城市更好的乡村的时候难度会更大，所以我特别的关注你们这个项目，也很欣赏您的回答，谢谢！

提问：我想把问题留给北京建筑设计院的团队。城市改造作为城市设计的一块更多的是新旧兼容的这种置换，我刚才看到一些城市设计的方法，我的问题是城市置换之后，我们如何去评估，如何去把这个作为一个方法，主要是城市规划的核心。现在据我所知，大部分比如说首钢，还有一些旧有的工业企业置换之后还出现了一些闲置或者说出现了经济不是增长得比较好，比如说798已经开始做了。对这个现象老师有什么看法？

吴晨：我先离开您的问题，然后引申一下刚才两位嘉宾，还有其他的提问。

我们不仅仅是一个设计的企业，实际上从我们自身来说或者说从我的团队来说，我们希望在不同的类型当中研究对于城市的发展，对于城市复兴的理论、现实跟实践的结合。所以在过去的几年当中，我们有意识选择了不同类型的项目，非常幸运的是，在我们所选择的领域当中都取得了一定的成绩，包括获得了政府开发的企业，还有民众的一些支持。也是刚才所提到的一种设计方法的创新，我们不仅仅是以这种题目设计服务换取设计费的方式，而是我们往往用我们其他的项目所赢得的利润来补贴我们的研究。但是现在开始，这几种类型的研究，包括我们说的北京的最高楼，包括我们提到的首钢都非常幸运的是，都在得到一个非常重要的成绩和成就，包括我们的旧城。

现在再回答您刚才提到的问题，我们所做的工业遗产和旧城研究实际上是在过去的几年当中受关注比较多的。当然了，今年以来随着我们中关村的开工，也受到了更多的关注。但是对于首钢，实际上在过去

的十年期间，从没有间断过，不同的团队、不同的人、不同的群体来做工业遗产方面的尝试，包括首钢停产之后，它应该面向什么样的一种发展的趋势。对于首钢来说，它是一个将近百年的企业，承载着北京最开始工业的一个起点，也代表着北京工业当时发展最辉煌的一个历程，但是现在首钢在北京作为一个生产企业，它退出历史舞台。但是它所拥有的这片土地，超过八平方公里的土地，在长安街西端的土地，特别是沿着永定河东岸的这片土地，受到了各方的一个关注。

经过我们努力，我们把它不同的类型做不同的将来的处理，有些策略是作为工业遗产加以保护的，因为它毕竟对于城镇化来说，城市土地的资源是非常稀缺的，也是非常具有社会和经济等各方面价值，它必须要承载新的城市的功能。就是刚才您提到的置换，所以我们妥善地处理了工业遗产的保护部分和将来重新更新或者重新赋予它新的功能的部分。这个规划已经获得了政府的批准，将在最近一段时间陆陆续续根据它整个的进程加以启动。启动慢的原因，大家都知道中国现在实体经济处于一个比较微妙的时期，特别是去年钢铁产业，应该说前年和去年，整体上来说是下滑的，它的利润应该是一个负增长。所以对这种传统的以第一产业、第二产业为主体的工业企业来说面临着巨大的挑战。我觉得随着中国经济稳定，然后明年的回暖，首钢的启动也指日可待。

对于旧城来说，我们觉得不仅仅是被动的保护，因为我们看到，现在很多的保护区，我们都在参与工作，包括白塔寺地区、什刹海地区、大栅栏地区。这几个保护区，其中包括离天安门广场最近的，1.2平方公里大栅栏地区整体的保护区，以及北京最大的5.8平方

公里的什刹海保护区。我们认为真正深入到其中的时候会发现相当多的保护区内的建筑、城市的空间其实都在衰败当中。这个不仅仅是保护点能够看到的，我们觉得应该提倡一种更积极的保护，它有一些新的生命、新的生活、新的功能植入进去。但是我们的原则是遵循着保护的原则，然后进行新的功能。比如说我们刚才提到的一个例子，就是地安门百货商场，它在这么重要的一个位置，在中轴线上应该说最辉煌的一个位置，然后紧邻着什刹海，北京最可贵的一个水面。但是这个商场是一个很低端的、卖着各种小商品、非常脏乱差的一个商场，我们认为这非常可惜。所以经过我们跟有关方面的努力，用了两年的时间，现在我们的设计工作已经基本完成，然后已经开始启动跟地铁的衔接，开始启动整个建筑的改造，包括整体上从天安门外到鼓楼这条街的改造。因为我们真正去散步在地外大街的时候，根本感受不到中轴线这种传统的威力和应有的这种位置。我们希望通过我们的工作能让它重新焕发出北京的魅力和威严。

许平：谢谢吴总，按我们的规定是提问已经结束了。不过我还是利用职务之便，想最后再问一个问题。那位同学就不提问了，抱歉，很重要吗？要不然留给你吧。

提问：听了今天上午各位老师的讲座，觉得提到了两个我关心的问题。一个是目前毕竟北京被评了"设计之都"，在指标方面，我觉得是一种设计经济成果上面的一种评估，但是任何的设计的本身就是一个联系人和人、物和物、人和物的这样一种东西，就是一种思维方式和它的一种实践。但是我们很多的时候是在拿经济的价值去衡量它，那么从以人为本的角度怎么样去评估一个城市的设计力？我希望能够通过几位老

师的视角来给我解答一下这个问题。

第二个问题是，我目前也是设计院校的学生，我的师哥、师姐，还有包括我们同辈的，有很大一部分人是可能会进入到各行各业，可能不会再继续做设计，既然中国有那么多学设计的学生，但是这一部分受教育的高知识的人群都没有真正地投入到生产和社会当中，几位老师是怎么样看待这个问题的。目前有做过哪些改进和一些促进在推动？包括像 TED 有没有在类似方面的一些关注？谢谢老师。

许平：第一个问题我们请中央美院设计学院王敏院长回答，最近他在这方面有很多的思考。

王敏：我想接着刚才娄院长的那个话，我们培养的人他是做什么的？中国这么多设计院校，现在有人说150万，刚才许老师说是200万、300万人在学设计，这么多人其中很多人出来不是做设计，刚才那位同学讲了。我想没问题，娄院长刚才讲了，我在学校一直跟我们老师讲、跟同学讲，如果我们的学生在学校学会了怎么做人，如果学会了怎么去分析问题、解决问题，怎么样带着一颗真诚的心去看待这个社会，去做一些事情，他们学会了怎么样来创造性地解决问题，有这样的能力，那这些人他不见得一定要去做设计师，做别的事照样可以做得很好。他只要能有这种创造性，这样去思考、去解决问题的能力，真是做什么都可以做得很好。

所以我是一点不担心我们的学生出去不做事情，不做事情没关系。我一位老师，瑞士的老师，他儿子没有继承父业也去做一个国际有名的设计师，他去做

石匠了，那是很多年以前。我问老师，您儿子怎么去做石匠？他说没关系，他可以做成世界最好的石匠，因为他跟我一样，他懂怎么做设计，懂怎么做人，懂怎么做学问，他做石匠肯定做得也会好。所以这是我接着刚才娄院长的话，因为我觉得说得很对，而且这也是我们在美院经常讲的，我们学生应当是成为一个什么样的人。

另外，谈设计的价值，我觉得今天设计已经跟我们过去所讲的设计不一样了。过去我们觉得设计师就跟艺术家一样，创造一个美好的东西，今天的设计真是渗透到了生活的方方面面。如果谈设计是很难给它划一个界限，设计的价值我们也很难去确定，因为这里面有文化的价值、经济的价值，也有其他的文明的价值。所以我觉得放开一点，设计既是好玩的事儿，也是很有意义的事儿，我觉得做设计师是一件很好的事情，因为我们能够改变这个世界，通过设计的手段。如果这样的话，它的价值可以是经济的价值，可以是文化的价值，也可以个人人生的一些价值在这里得以体现。所以是没有界限的。

娄永琪：其实这是一个设计和经济的关系。可能会出现的一个普遍问题是：比如公益设计，设计师有社会责任，为人民服务，为人民设计，但受益者会为我的服务买单吗？这很现实，但必须面对。设计原来的商业模式很简单：这是我提供的解决策略，你付我钱，买我的设计服务。但假如设计要延伸到社会设计这么一个领域里面，就像我们一直在做的项目，那必须要问这个问题，设计师这个群体或者设计产业自身如何生存，设计师不是慈善家。我们现在的回答是必须要创新商业模式，包括设计这个行业本身的商业模式。刚才我提到的时间轴的概念，传统商业模式下，我提供服务，客户付我服务的价值，这个情况下，时间轴是零。如果把这个时间拉开，有个好的商业模式，我今天投入了设计是作为投资的，而若干年以后，这个投资会产出回报。第二个，政府要为这样的投入提供财政支持。在这个意义上来讲，设计行业本身从原来的服务者变成了投资者或者说是成了一个新产业的倡导者。商业模式一改变，这个问题就解决了。所以，现在我们这个项目大部分的时间，都在讨论服务设计和商业模式的设计，而不仅仅是做一些传统的造物设计。

提问：能让主持人回答，其实我是想听一下四位老师的想法。

娄永琪：我先回答第二个问题，就是代表同济怎么想这个事情，我其实刚做了四个月的院长，我就任做的第一件事情是我写了一个宣言，我们学院写了一个宣言，一个学院要做什么，就是你说的文化。

第一句话是什么呢？"为了一个有意义的人生和一个更好的世界而学习和创造"。这不仅仅是针对学生的，也是针对我们所有的教职员工和校友的，这里有个终身学习的概念。再往下去走的话，到底我们这个学院能为社会上作什么贡献？我觉得我们不仅要培养优秀的职业设计，更重要的是我希望身这个学院学习过、生活过，甚至是很短暂访问过的所有人都能够把在同济学习的时间，作为他人生中有意义、有价值的那个部分。这样，我觉得大学的作用就起到了。

我们李淳寅先生坐在这，韩国有个学校叫 KAIST。KAIST 出了两个设计学的教授，一个去做了首尔的副市长，一个去做了 LG 的副总裁，他们都在发挥一个普通职业设计师不能发挥的作用。当然我不是鼓励要做得职位高，如果能培养有设计思维的煎饼摊主、出租司机、匠人，我一样觉得也很棒。如果设计走出职业圈子，走进生产和生活的方方面面，这样的设计才是最成功的，而不是说把一小群人圈起来叫做设计师，把另外一小群人圈起来叫设计教育者。这可能是我回答你第二个问题自己的一个想法。

再讲一句，因为今天克拉克教授在这，她是帕帕奈克基金会的研究主任。帕帕奈克在出他《为真实的世界而设计》这本书的时候，大概在 1969 年，后来1970 年的时候翻成了英文。他说过一句话，"这个世界的确存在比设计危害更大的专业，但是不多"，这就意味着什么呢？设计很长时间是作为一个消费主义的帮凶而存在的。但是我并不完全认同这句话，因为我觉得设计是中性的，既可以做好事，又可以做坏事。我们读书的时候老师说了，设计没有对错，设计只有好和坏之分，但是现在我觉得可能不完全对了。如果说这个设计是贡献这个社会往更可持续的方向发展，这就是对的设计，反之那可能就是错的设计。我经常谈经济和设计的关系，但我说的经济可能跟地方政府官员谈的经济不太一样。我看重的是设计怎么去服务甚至是创造一个修复性的经济。因为当下的这个主流经济用约翰·塔卡拉的话说，就是末日经济。这种资源消耗型的掠夺性经济发展越快，世界就越往末日走。怎么能够去通过设计思维倡导一种具有"修复性"功能的新经济，这个经济能级越大，就越能中和之前的破坏，我们可持续的目标就越容易实现。我自己现在做的很多事情我觉得是往修复性经济方向的努力，未必成功，但至少我们在尝试。

许平：因为提到帕帕奈克，顺带说一下，帕帕奈克的两本书最近在北京都出版了，我们非常感谢帕帕奈克基金会的克拉克教授，他们提供了这个，然后最近翻译都出版了。克拉克教授为《绿色律令》第二本书专门写了序，专门为中国作者写了序。我认为用帕帕奈克的思想来比对一下今天设计的发展价值的话，可能会很好地回答你刚才提的问题。你希望我说一句，我想因为我是搞设计史和设计理论研究的，在我的关注中设计有几千年的历史，设计和商业的结合只是其中很短的一段，它确实是和经济、商业有关联的，但确实不是它的全部的价值，还可以做很多的事情。包括今天上午我们的讨论都涉及了设计与人生、设计与教育、设计与好奇心、设计与公益、设计和城市的健康、设计和乡村的这种和谐，它的价值远远超出我们通常所说的一个商业案例的这样一种价值。所以设计师是跟经济没有办法剥离的，但是它又是远远超过经济之上的，可能这样来理解会比较完整一点。

至于每个同学可能今天在这个商业社会的氛围里面碰到的现实问题非常的真实，我想刚才娄院长已经做了回答。可能首先我们自身需要从价值观点和模式方面要有所改进，用改变这种目前不正常的经济的方式来改善设计的经济的方式，可能这个是我们要做的。

我们上午的讨论非常精彩，但时间确实太短，我们诸位演讲者从经济、文化、社会、价值观和设计师的行动路线等各个方面对设计做了深入浅出的解析，我想会是一个非常丰富的。现在饿了，想说一点午餐的问题，是一道非常丰盛的午餐。然后今天只是个开始，

我想我们以后还会有机会听到他们最新的研究成果和
更加丰富的思想。下面我们最后一个节目是请这几位
演讲者上台,我们一块合影,如果下面的同学愿意上
来合影的话,欢迎大家上来!

有请下面的几位。

附部分正文英文原稿

Alternative and Emerging Economies of Design:
The Social Imperative of Urban Design
Dr. Alison J. Clarke

Arturo Escobar, anthropologist and leading post-development theorist, opened a recent conference paper, "Notes on the Ontology of Design", with a oft-cited quote from Victor Papanek's 1971, Design for the Real World : Human Ecology and Social Change;

"There are professions more harmful than industrial design, but only a very few of them. ... Today, industrial design has put murder on a mass-production basis"; for, "designers have become a dangerous breed" (1984: ix). Papanek's polemic, Escobar remarks, was written 'as industrialism and US cultural, military and economic hegemony were coming to their peak'.

On the surface little appears to have changed since Papanek's international intervention into the field of development and design: neo-liberal economic policy has expanded, the commodity consumption Papanek and his contemporaries were pitted against thrives, the hegemonic culture of free market captilistism rather than social need, continues to drive design. But, argues Escobar, design itself and the ways by which we understand design culture in a new 'cosmopolitical' context, have in fact transformed substantially in the 40 years since Papanek penned his best-selling work. Escobar's post-development notion of design, is one which embraces the concept of a pluriverse; rejecting globalization as a 'universal, fully economized' de-localized system supported by corporate and military power.

The coming together of design and Nation is an enormous topic. The harnessing of design as a force of technological,

industrial development and political manipulation has been a principle facet of late 20th century design history. In the 21 st century we have become more familiar with the generalised discourse of creative industries, with design as the transforming mechanism of social and political relations in post-industrial economies.

Design is now widely acknowledged as a principle driver of urban innovation: city planners, from Amsterdam to Mumbai, have earmarked neighbourhoods for regeneration through the installing of designers, design retailers and design hotels. Over the last decade, this 'designer landscape' has become shorthand for a political rhetoric that views urban space as a springboard for emerging, creative economies and related cultural policies.

However, in discussing how we might view contemporary design in the 21 st century as a driver of innovation within the city, it is important to expand on the broader aspects of the historiography of the creative industries, and in particular its legacy in the UK context. Britain, long hailed as a world leader in creative industries, placed design at the forefront of its policies of privatization and monetarism 30 years ago.

In 1989, the London Design Museum, remodeled from a disued 19th century warehouse into a sparkling white International Modernist style building, marked the beginning of a 'creative cities' initiative that helped forge Great Britain as a world-leader in creative industries policy. The Design Museum stood as a jewel in the crown of the Docklands Development Project: a project focused on the gentrification of a formerly working-class area through architecture and retail planning. Situated on the South side of the River Thames at Butler's Wharf, the Design Museum, the first museum in the world devoted exclusively to design, showcased 'good taste' industrial products and imbued the newly developed Docklands with value-added creative capital. Its opening exhibit, revealingly titled 'Commerce and Culture', promoted the idea that shopping, consumerism and retail culture partnered creativity and innovation in a blossoming free market economy. International journalists viewed the opening as a marker of the UK's turn from the public sector, to an opening up of American style sponsorship mechanisms that promoted commercial interests.

For it was design above all other art and creative forms that Margaret Thatcher's 1980s government placed at the centre of city regeneration programmes. Indeed, the Prime Minister herself opened the flagship museum as part of a British 'rejuvenation' programme, signalling design as a mechanism for re-inventing Britain as a post-industrial nation. During a period in which the UK's major national public institutions were suffering cuts in public funding, the Design Museum initiative was notably funded by private means through the Terence Conran Foundation. Conran was himself a leading design product retailer and entrepreneur, founder of Habitat design shops in the 1960s that were focused on a youthful postwar consumer group: thus the Museum was blatantly utilized to bolster the Conran brand, designer shops and restaurants emblematic of the full-blown 1980s aspirant consumer culture.

The Design Museum stood as a beckon of the newly valiant combination of design, innovation, city and consumer lifestyle. Thatcher, in her opening speech at the Museum July 5 1989, outlined a vision of design as the bearer of a new politics of consumption, replacing identities based on work and production: " the things we buy and the jobs we do are really the essence of the life in which we live[,] and so more and more a part of the sense of community and ...we wish in fact to enjoy the things we buy and know more and more about them."

The London Docklands Development Corporation, a quango set up by the Thatcher government in 1981, had developed an area of 22.2 square kilometers along the Thames including shopping centres, Docklands light Railway (DLR), London City Airport, Canary Wharf. In a model we are now all familiar with through the populisation of US author Richard Florida's The Rise of the Creative Class, the Design Museum was part of a broader plan to bring in young middle class professionals, bars, restaurants and shops to gentrify an area that had formerly employed 83,000 blue collar workers.

Indeed, the role of design, and designers and architects specifically, in this process of gentrification had been highlighted and theorized by social scientists across Europe and the USA a decade early than Florida's popular version extensively adopted by US councils and politician. In 1989, for example, economic geographer Sharon Zukin wrote Loft-Living: Culture and Capital in Urban Change the definitive study of gentrification based on research in lower-Manhattan. This work foretold how artists and designers would pave the way for real estate developers, the privatization of public pace and demise in social and civic facilities. Local working class communities would be broken up, social and public housing replaced by high-rent private aimed at the newly affluent social group dubbed 'yuppies'. Design was clearly embraced as a driver of innovation in the form of consumption, which some academics and policy makers considered regressive rather than innovative. In the 1980s, Docklands local people protested over the eradication of their communities and emergence of the developer as the key conduit of urban change in a political atmosphere defined by the violent scenes between striking miners and police in demonstrations over mass coal pit closures through Britain . Yet these political and activist histories are all too often excluded from the non-critical accounts of design's transformative impacts in cityscape.

Three decades later, do the utopian creative industries blueprints advocated by individuals such as Robert Florida still hold validity? Should such models be exported to emerging economies without adaptation to local circumstance, and without acknowledging the potentially negative aspects of their adoption? Have the processes of gentrification become depoliticized, and debates muted regarding the social value of urban innovation?

A growing unease is mounting within the design profession regarding the fact that design has evolved as 'catch-all' term for the solving of problems that are actually determined by broader, more complex social factors. Four decades ago, design critic Victor Papanek wrote a polemical treatise, Design For the Real World: Human Ecology and Social Change, warning of the dangers of design as an unaccountable practice, that had the capacity to disguise social inequality as much as remedy against it. In particular Papanek's work, which has tellingly remained in print constantly since its publication in 1971, argued that design at its worse acts as a false elixir; bolstering inequality rather than offering sustainable alternatives and real innovation.

As there are now almost a hundred 'Design Weeks' a year, and cities (from Beijing to Helsinki) compete annually as World Design Capitals with more elaborate exhibits and events, mounting criticism points at design's increasingly nebulous identity and role in manipulating neo-liberal visions of idealized 'creative' cities.

In a recent opinion piece for leading design magazine Dezeen, Lucas Verweij highlighted the how the extraordinary expansion of design was underpinned by government subsidy in Europe due to the perception of design as a ultimate key to growth in a global economy. Design's growing profile in 'emerging economies', such as China and India, coupled with its ever-expanding social remit and amorphous profile are, according to Verweij, leading to a crisis point:

"...the expectations and the promises [of design] keep on growing: design can solve the smog in Beijing, the landmine problems in Afghanistan and huge social problems in poor parts of Western cities. The ever-growing expectations of design can no longer be met. We are in a design bubble; it's a matter of time before it will burst."

Echoing Papanek's renowned polemic, this emerging critical thinking around design as the elixir of modern neo-liberal politics, has a newly forged resonance. Academics and economic commentators outside of design have more recently described the emergence of a 'creative economy backlash'; overly simplistic ideas (such as Florida's idea that a bicycle lane can immediately imbued a city with more creative potential) are losing credibility within the context US economic climate and the failed application of creative economy polices of former industrial cities such as Detroit. Critical voices, such as that of economic geographer Thomas Marshall-Potter describe the easy lure of this creative economy, gentrification model:

"Culture is increasingly being seen as the magic substitute to policy makers for the lost factories and warehouses of the de-industrialized city. This cultural turn in terms of the cities economy can be seen as a kind of policy Juggernaut akin to a virus that quickly spreads from area to area – with the creative and cultural industries at it's epicentre."

A recent article by social scientists at London School of Economics and The Work Foundation at University of Lancaster has brought into serious question the basic premise of the city and creative industries thesis of design, creativity and urban regeneration. Challenging the emphasis on creative industries and "trickle-down economics" in urban regeneration as a driver of innovation by using an empirical study of 9000 small and medium enterprises (SMES) the scientists found "no evidence that the creative industries are more innovative in large cities." In fact in the UK example, their research supports other studies that suggest 'the creative industries in London are actually less innovative than those elsewhere.'

Under journal titles such as "Fallacy of the creative class: Why Richard Florida's 'urban renaissance' won't save U.S. cities" critiques regarding the much vaunted urban creative industries paradigm challenge the legitimacy of such ideas as the means to ending urban poverty. Even Florida himself recently acknowledged the severe limitations of his ideas:

"On close inspection, talent clustering provides little in the way of trickle-down benefits. Its benefits flow disproportionately to more highly-skilled knowledge, professional, and creative workers whose higher wages and salaries are more than sufficient to cover more expensive housing in these locations."

Yet there remains a relatively uncritical approach to the export of creative industries models. In 2006, for example, a UNESCO policy document Understanding Creative Industries: Cultural Statistics for Public Policy Making highlighted the enormous significance of creative innovation in modern post-industrial knowledge-based economies perceived "to account for higher than average growth and job creation, they are also vehicles of cultural identity that play an important role in fostering cultural diversity." Yet few indepth, ethnographic studies of the impact on the creative industries models, and the use of design in purging the industrial pasts and communities of developing economies exist. UNESCO also recognize this in their bid to promote creative industries within emerging economies as described in the afore mentioned document; "the sector is still poorly understood and many governments remain to be convinced of its potential, while trying to accurately measure economic activity in the sector poses considerable obstacles" . One exception is the research of cultural and media studies academic Michael Keane and his exploration of design's impact in urban development in the context of the 'From made in China to created in China' policy. In his

article, "Great adaptations: China's creative clusters and the new social contract", Keane considers projects emerging from discourses around city, technologies and innovation and the localized nature of broader top-down creative industries policies and their long term impacts. Such research, and the generation of a critical debate around creative industries in emerging economies of design, is crucial for reassessing the potential for the social validity of design.

How might cities embrace the soft (social, environmental, relational, cultural) aspects of design that are not always reducible to the form of calculable commercial profit? Can alternative design genres develop on the periphery of established neo-liberal models of economics and consumer culture? What is their potential to generate social innovation and challenge pre-existing, unsustainable economies of production?

Now four decades following design critic and campaigner Victor Papanek publication of Design for the Real World, we still need new models of creativity, design and innovation that take account for alternative economies of design – transitional cultures, social and ethical contexts such as social inclusion of elderly, children and the ethnically diverse. How might policy makers think outside the creative industries models that focus on the homogenizing and prescriptive models of design culture and innovation and the assumption that innovation is led by the young, 'the hip' and affluent?

Design should be leading the creation of social innovative cities, not merely acting as a decorative facade. As the oft quoted philosopher and historian of technology Bruno Latour declared in his treatise on the city: 'Design is ideally placed to deal with object-oriented politics...if you look at what people actually feel about politics, it is always about things; it is about "matters of concern." It is always about subways, houses, landscapes, pollution, industries.'

Notes

[1] Arturo Escobar, "Notes on the Ontology of Design", presented at American Anthropology Association seminar session, San Francisco 'Design for the Real World?'(Manuscript Draft, 2012, p. 2)

[2] Attias, Elaine. "Shaping Up Design Museum Helps Keep an Eye On Things", December 3, 1989. Chicago Tribune. http://articles.chicagotribune.com/1989-12-03/entertainment/8903150021_1_british-museum-first-museum-design-museum. Accessed 7/1/2014

[3] Prime Minster, Margaret Thatcher July 5, 1989 www.margaretthatcher.org/speeches/displaydocument.asp?docid=107722. Accessed 1/7/2014

[4] Richard Florida, The Rise of the Creative Class: And How it's Transforming Work, Leisure, Community and Everyday Life 2002 (Basic Books: New York)

[5] See Jane Foster, Docklands: Cultures in Conflict, Worlds in Collision. 1999 (UCL Press: London)

[6] "It's only a matter of time before the design bubble bursts" Lucas Verweij, Dezeen December 26 2013 Accessed 4/1/2014 www.dezeen.com/2013/12/26/opinion-lucas-verweij-design-bubble

[7] See also Tonkinwise, Cameron. "Design Away: Unmaking Things" 2013 (Draft) http://www.academia.edu/3794815/Design_Away_Unmaking_Things. Accesed 1/7/2014

[8] Marshall-Potter, Thomas. The Creative Class: Neoliberal London's Policy. Accessed 7/1/2014 Juggernauthttp://thisbigcity.net/author/thomasmarshallpotter/

[9] Lee Neil, Rodriquez-Pose, Andre. Creativity, cities and innovation: Evidence from UK SMEs Nesta Working Paper Series no. 13/10

[10] Lee, Neil and Andres Rodriguez-Pose. 'Creativity, Cities and Innovation'. Online at http://mpra.ub.uni-muenchen.de/48758/ MPRA Paper No. 48758, posted 7. August 2013 08:12 UTC. Accessed 1/7/2014. p. 19

[11] See Chapain, C., Cooke, P., De Propris, L., MacNeill, L. and Mateos-Garcia, J. (2010) Creative clusters and innovation: Putting creativity on the map. London: National Endowment for Science, Technology and the Arts. Cited in Lee, Neil and Andres Rodriguez-Pose Creativity, cities and innovation: Evidence from UK SMEs, op.cit. p3

[12] Richard Florida, "More Losers Than Winners in America's New Economic Geography", The Atlantic Cities. www.theatlanticcities.com/jobs-and-economy/2013/01/more-losers-winners-americas-new-economic-geography/4465. Accessed 30/12/2013

[13] Understanding Creative Industries: Cultural statistics for public-policy making UNESCO/Global Alliance for Cultural Diversity 2006, p. 3.

[14] Ibid, p. 1

[15] Michael Keane, 'Great adaptations: China's creative clusters and the new social contract'. Continuum: Journal of Media and Cultural Studies Vol. 23, No. 2 2009. See also Keane, Michael A. & Zhao, Elaine Jing (2012) Renegades on the frontier of innovation: The shanzhai

grassroots communities of Shenzhen in China's creative economy. Eurasian Geography and Economics, 53(2), pp. 216-230.

[16] The Victor J. Papanek Foundation biannual symposia, "Emerging and Alternative Economies: The Social Imperative of Global Design" (2013) recently sought to address these issues. See papanek.org/symposium

[17] In Conversation with Bruno Latour in Stephen Ramos and Neyran Turo (Eds) New Geographies 1: After Zero 2009 p. 124 (Harvard University Press: Cambridge, MA)

Re-Locating and Re-localizing Design Culture

Guy Julier

[Introduction]

In its modern period, design has largely been aligned with urban experience. Undoubtedly design happens in rural areas and designers locate themselves outside cities to work. But the dominant idea and discourse of design is that it is professionally and most intensively practised in urban centres. This is to the point that they are seen or even encouraged to cluster together in 'creative quarters' within cities. In turn, this concentration itself becomes a way of symbolizing the modernity and progress of a city in a global marketplace. Classically, consumer culture is also represented as an urban, modern activity, represented at its most heightened instant through the moment of exchange. Shopping is, particularly beyond staple items such as food, is invariably presented as an urban pleasure and consuming itself becomes a validation of designerly, city living. The concept of a 'design culture' is also initially aligned with this process so that it suggests a spectacular interrelationship between the work of designers, the consumption of design and the processes of production and circulation. By contrast, the idea of the rural is represented as untainted and free of these dynamics. It is culturally constructed as a binary opposite to the city and therefore discursively set outside dominant notions of design culture. The time has come to rethink this binary while extending the field of where design culture might happen.

The second part of this essay therefore attempts to re-orientate thinking away from consumption as being about acquiring or using up. Instead, it looks to consumption as involving networks of things and people where 'no object is an island'. Consumption then becomes part of an expanded idea of everyday practice. By extension, we can think of alternative scales, dynamics, materialities, and, therefore, locations for design culture. These might be outside the urban and even disrupt the urban/rural divide.

The Urban/Rural Binary

When talking about the relationship between the urban and the rural, it is difficult not to fall into binaries. Thus, aside from urban and rural, we have a set of other oppositions that neatly fall into place on opposite sides of the same fence. Industrial/agricultural, alienated/connected, modernity/heritage, fast/slow and so on suggest easy choices and destinies, either at the personal level of where and how we decide to live or in the exercising of public policies.

It goes without saying that these binaries are historically and culturally reinforced. For centuries across many cultures, storytelling or visual representations contrast the chaotic, confusing, hard and mannered experience of the city against the ordered, understandable and comfortably 'natural' freedoms of the countryside.[1]With the march of industrialisation and urbanization, the countryside has progressively become a rural other to these: a place of the imagination as much as the gaze.

The much cited figure that over half the world's population was urban-based from 2005 certainly confirms the increased primacy of of industrialisation and the city. However, what if we even challenged the conceptual division between urban and rural? Is this distinction, and all those that follow it, so clear? What do we make, for example, of the 28 of world major cities, that include Milan, Havana, St Petersburg and Seoul, that are set to shrink by 2025?[2]Judged from a Chinese perspective this issue of shrinkage might not be particularly noticeable, given that it contains 20 of the 31 world's fastest growing cities. But shrinkage leads to a re-thinking of city structure, uses and meanings. The stunning contraction of Detroit in America has led to much greater enmeshing of rural activities into the urban fabric, as spaces are claimed or re-claimed for food growing and animal husbandry.[3]Equally, the American trade blockade of Havana has produced a re-greening of that city.

In terms of design, its discourses, governmental policies and its educational and professional institutions and systems have almost persistently conspired to reinforce its status as an urban one and, in turn, support this conceptual city/country divide. Design just doesn't seem to happen in the countryside, it seems. The country just is. The city is made.

In design theory, two notable exceptions to this viewpoint that emerged in the 1970s would be the work of Christopher Alexander and Bill Mollison. Alexander was interested in the structures and systems of living, revealing the binding logics to how we organize our domestic environments, workplaces and the spatial distribution of our habitats.[4]Mollison was concerned with the mutual dependency of biological and human assets and activities, finding ways to design so that food growing could be done with minimal energy inputs. In both their cases, there is, generally, a healthy disregard for any city/country split.[5]Their work seems interestingly disruptive of any such distinctions and, indeed, disruptive of many of the assumptions we make about modern life. Particularly in Mollison's notion of permaculture, there is an interest in a benign intensification; it is about giving attention to the relationships between things, people, knowledge and skills that is not restricted to any particular place or scale.

I shall return to this idea of relationality in the second half of this essay. But for now, let us consider the question of design, its production and consumption in a more classical, mainstream way that is framed by their intensification.

Design and Production

One thing that design does – amongst many of its roles and actions – is that it works in and with intensities that turn into extensities.[6]A design studio is a place where hours are spent working on the details of objects, images and spaces. It is where discussions are held with clients, design briefs are written, modified and interpreted. It is where product information or user-profiles are analysed and turned into

big or small decisions. It has its own material culture of computers, desks, chairs, wall-space, post-its and mood boards. But this concentration results, ultimately, in mass-produced things. If we want this confirmed statistically, we only have to turn to the information we have that 80% of a product's costs and impact are determined at the design stage.

The rise of branding has added to this notion. Brands are singularities.[8]They are developed so that they provide a unified plan for the production and distribution of goods and services. This plan is most often summarized in the form of brand guidelines that are compiled and published by designers for organizations. The brand's features are distilled and explained through this one outcome. Subsequently, these guidelines are then deployed across the full range of products and environments that make up the organization's parts. It is a kind of metadata[9]or coding that is then used to shape graphic elements such as logos and corporate literature, the visual language of products, the colours used in an interior, the design of workers' uniforms and even how they are might interact with customers. Thus, the singular object of the brand is then translated into numerous artefacts. The intensity -- that is the brand design -- is converted into extensities through which the brand is then materialized and encountered by the wider public.

Similarly, in urban development terms, we can think of how identities are then rolled out into many aspects of a town or city. A municipality may define its priorities in terms of economic, cultural and social goals. Increasingly these have been organized together. The thinking here might be that by getting the right cultural offer (for example, in a place's museums, restaurants, theatres or sporting facilities), so particular kinds of workers and investors will be attracted to the place. Following on from this, a place might become regenerated so that the benefits of this approach can be spread beyond just this particular group. Design and creativity has become very important in this process, not just because it re-fashions a place to make it attractive, but because design symbolizes the kinds of change that a place is going through. If there is a visible concentration of modern design in a city -- for example through its modern civic spaces -- so it is perceived as a transformatory and up-to-the-minute place.

This is a circular activity. As these kinds of transformations take place, so further interest in it is produced and inward investment happens:[10]global capital flows in, property values rise, equity is created, capital surplus provides funds for further transformations. Through this, design and capital get progressively concentrated on urban areas. Rural locations get by-passed as a nation is increasingly seen to be typified by its cities.

Within the city, it has become a common part of urban planning and development to think of the concentration of its creative industries as a good thing. It is assumed that they are transaction-rich between themselves -- they rely on the interchange of ideas and people between each other. This sector is also seen as being one where the divisions between work and leisure are not so clear. It is thought that designers and other creative workers stereotypically continue their social life beyond the studio into bars and restaurants at the end of day. Thus amidst the concentration of creative businesses, it is assumed that a scattering of designer bars and restaurants provides a kind of infrastructure to sustain this idea of the creative quarter.[10]Out of this, we see a shift from the city as not just being the locus of design production, but of a more generalized sense of being the crucible of design -- a place where design is fashioned and consumed in intense and dynamic ways.

Sometimes global corporations view this urban intensity as a resource for themselves and their own strategic positioning and development. For example, the Chinese manufacturer BenQ produced Motorola phones for its domestic market but soon moved to producing their own. It established its own Lifestyle Design Centre in Tapei where over 50 designers were recruited and also created design teams in Paris and Milan to extend its global reach. The aforementioned BenQ Lifestyle Design Centre in Tapei is just one of many such corporate design centres.[11]The location of global design centres for Ford, River Island, Sony and Nokia in London since 2000 evidences a presumption that design studios may be physically distanced from both their productive infrastructure and their consumer bases. In fact, what is happening in these examples is that they are design and prototyping centres where new products can be fashioned and tested. Part of their reasoning is that a cosmopolitan city like London provides both a consumer testbed and stimulus. As a global city, it is assumed, it can model a global marketplace. Two additional reasons exist. One is that with some 386,000 working in the creative sector, London provides a willing and accessible labour resource for such centres.[12]Second, and relatedly, it buys these corporations status by locating in such a 'creative city'.

Design and Consumption

Modern, urban living has undoubtedly become more overtly colonized with signs. The rise of design products throughout much of the world has been astonishing in the past 10 years: a United Nations report of 2010 showed startling rises global exportation figures 'design goods'. The report claimed to define this as products 'with a presumably high design input'.[13]In calculating its figures, it showed a global doubling of growth of exports between 2002 and 2008 (from $53.4 billion to $122.4 billion, reflecting mainly the growth in China) in developed and developing countries with a threefold growth in 'transition countries' (developed countries moving to a market economy). It has become customary to talk of economies where the sign-rich goods and services constitute their leading edge.[14]The implication of this is that worldwide, there are more designer goods to be bought and sold, more consumers willing to pay for them through increasing numbers of outlets. The high street and the internet have been populated with commodities for individual consumption.

Along with this growth over the past two decades has been an orthodoxy in seeing the act of consumption as being an individual one. It is about acquiring goods or experiencing environments as the consummation of a process of looking and selecting. This can be interpreted as a romantic fulfilment of individual desire that is generated as a reward for the boredom and sheer hard labour of the working week.[15] It is also seen as a way of asserting the sovereignty of the individual: taste is presented as a right and a democratic expression of personality. The acquisition of goods is positional in that it lays claim to personal status, it is a way of demarcating people from each other and signifying individual success.[16]The high street or the shopping mall becomes the scenario on which this consummation takes place. It is where the aestheticization of everyday life reaches its peak[17]-- an urban space that is configured for individuals to complete the processes of work, saving and spending.

The city is therefore configured to promote this process. The shopping mall or the high street are therefore enhanced by flourishes of urban design. These appear in-between shops as a brief respite. These civic spaces provide benches to rest on but they are not so different from the visual language of shopping to make consumers forget where they are. Often, their paving, use of hard materials and their general feel gently echo the retail setting to keep shoppers 'on message' and, ultimately, engaged in shopping.

This vision of aestheticized, modern life is, again, a very urban one. It requires concentrated spaces for consumption. These are places where people can make comparisons between shops or brands. They are configured just for one activity, that of looking and buying. They provide a scenario where the shopping trip is an expedition, shared by thousands of others who are engaged their own similar but distinctive quests.

Design Culture

So far we have seen how a discourse of design is focused into urban settings. This has been in terms of how designers are assumed to want to cluster together and how this can feed into the economic, social and cultural ambitions of city authorities. They work to help brand cities. The actual production of goods these days may be spatially diffuse. Components of products may be created across all several continents, assembled in a city such as Shenzhen, and transported to their point of sale. But it is at that point of sale, the high street, the shopping mall or the internet that another intensification takes place. The latter two bring the classical practice of consumption to the city or near it. Similarly, the internet as a shopping space functions as a virtual reproduction of these.

The rise of design has also been accompanied by new ways of describing it and its social significance that may, in turn, take us into another way of thinking about it and, perhaps, new ways of practising it. The scenario of increased employment and economic activity in the design profession, the growth of its manufacture and distribution and its ascendant importance in how consumption is carried out suggests a series of discreet deeds. However, if we begin to link these together and think about how they interact and relate to one another, we can begin to consider them holistically as constituting a design culture.

Design culture is an object in itself but also an emergent field of academic study. As an object it is invariably identified in order to describe a linked set of material and human resources, skills, knowledge and activities in which a design component is significant. This in itself can become a promotional description. It has become common to describe a place's design assets in terms of its 'design culture' rather than, more simply, its design. Thus the institutions such as design schools and associations, the informal networks that bring designers and associated professionals together, the places where design is encountered and experienced, and the taste patterns and straightforward ways of doing design that are specific to a location are expressed through this coupling of design and culture. Thus the word 'culture' is not a separate component that bears on and influences design; rather, the term implies a designerly way of going about life in all its aspects.

As an academic discipline, design culture studies these processes.[18] It is resolutely focused on the contemporary, attempting both to show how this is historically formed and where its dynamics are taking it. It collapses design disciplines in that it doesn't necessarily study, for example, industrial design or graphic design in isolation from one another. Conversely, then, it takes a scenario such as a form of leisure, a neighbourhood or an online community as a starting point. These are made up of things, like hotels, streets or computers. They might also include communications like signage, instruction manuals or graphical interfaces. Thus it will also look at the conjunction of different design media that constitute that scenario. But these also need people and so we are interested in how human activities take place in these scenarios, are influenced by them and, indeed, shape them.

In design culture we are therefore concerned with design as a social practice. By this we are interested in what design means in society, how it is functioning, how it is used and also being acted upon. Within this, design culture studies often look to a concept of consumption that goes beyond it as a private, individual undertaking; instead it promotes the idea that is also a public, participatory act. We are not just interested in the different things that happen within the design profession, the work that goes on in production, be that manufacture, distribution, promotion and so on, or how objects, spaces or images are consumed. Our interest is in what goes on between these, how information, knowledge, understandings, emotional outlooks, but also things flow, or not, between them. Design culture studies are acutely interested in relationality.

At the same time, it is well to remember that design is more than visual. It involves sight, but also touch, smell, texture, sound, weight, sound, temperature and many other sensory faculties. This is perhaps an over-obvious point, but when considered further it takes us well beyond design as visual culture. While looking is indeed embodied act, the practice of engaging with design objects and environments becomes even more bodily. The corporeal knowledge required in using objects is a shared facility. We learn how to do things, consciously or unconsciously, by watching and copying, by doing things alongside others: how to stand in a queue; how to hand money to shop assistants; how to browse on smartphones. These activities are complex and highly mannered in their physical actions.

Furthermore, encountering the visual most often requires a transaction between the self and the singular object of the gaze. Meanwhile, engaging with the design object or environment often requires taking it in through several formats and iterations. Design is serially reproduced and so it follows that we experience it in a multiplicity of formats and locations. You might ride a particular make of bicycle, but then you also see others on the same make. You might see it displayed in a shop or advertised in a magazine. While the brand is expressed as a singularity, the object is known through several formats and is therefore multiple in its materialization.

Thus, in design culture, we have to think of multiplicities. Design journalism and curatorship often conspires to singularize the design object. The work of a famous designer is displayed in a magazine or in a gallery almost as if it was the only one, like a piece of fine art. By contrast, the design object or environment in everyday life is manifold and its various manifestations are co-contingent. For instance, the bicycle maintenance instruction book only has a utilitarian role when there is a bicycle and someone or people to mediate between the two.

Everyday practices

Working with this concept of multiplicities and relations

moves us away from the idea of discreet actions of designers and, indeed, of consumption as this individual act that merely involves transactions of singular objects. The work of design is bound up in multiple networks that it shapes and is shaped by. Equally, consumption involves suites, clusters and assemblages. These all involve contingent objects for them to function. For example, an electric rice steamer is not just an individual tool. It needs clean water, an electricity supply, a surface to prepare the rice on and place to do this and, of course, rice to actually be of any use. But it also involves dishes and cutlery of a certain shape and size and other foodstuffs to eat it with. The device requires knowledge on how it works, but also a sense of time and location as to when and where it would be appropriate to cook with it. As a staple part of many diets, it also engages a certain emotional value or, even cultural significant in marking out the social rituals and customs that make up eating. Rather than just buying a rice steamer, one is buying into a 'rice project'.[19]

Designers are dependent on all these items and actions in a network. Changes to any part of the constellation that makes up a whichever 'project' we are talking about will affect its whole.[20]Equally, it is important to view processes of acquisition and use as not just isolated, individual acts but as socially constituted. The basic existence and the formal qualities of the rice steamer are contingent on other material items and services. But they are also part of shared understandings and activities. They make up a practice. Thus there is a kind of 'material semiotic' process underway here. Objects and environments provide scenarios, shape action and reinforce meaning. Habitual use of these, underline and consolidate values and understandings of everyday life. Indeed, beyond commercial world of design, we may even begin to conceive of the home itself as a design culture. It is, after all, a place where things -- like rice-based meals -- are thought about, fashioned and produced. It is, also, where they are consumed. All kinds of other processes of making take place in the home, be it in arranging the furniture or sewing a button. Taste patterns, preferences and habits link production and consumption in the home.

Articulations and Unities

This move toward thinking about everyday practices means that we can begin to think of different locations and scales in which the assemblages that make up different design cultures occur. Earlier in this essay I have argued that the discourse of design has privileged a certain rarefied, urban setting. I have shown how this has been through its own commercial practices and the ambitions of city authorities, but also in the way that consumer culture has been consolidated. Of course we can think of these locations in themselves as places where design cultures function. After all, for instance, the 'fit' of design studios with other facilities such as galleries, independent fashion shops and trendy bars and restaurants that is often to be found in creative quarters or, otherwise, 'semiotic neighbourhoods', implies a dense interchange of design production and consumption within a clearly defined spatial ambience.[21]But in shifting our emphasis on design to its role in the everyday and function as part of different practices other than the distinctly urban, we can begin to think of alternative scales, dynamics and materialities.

To return to the notion of the home as a design culture in itself, another way of terming this might be as a 'geography of responsibility'.[22]The home is a location where, within a clearly defined space, decisions are made and activities are carried out that develop or reinforce certain outlooks. How energy is consumed or conserved or what daily rituals such as eating together are emphasized: these involve both material and ethical choices that also relate to an outside world of shared concerns.

The home is a space of articulation, of bringing together things, people and viewpoints. But it is also co-articulated with wider questions.[23]From this, we might then think about other scales on which this process of internal and external relationships takes places. So, from the home we might move to the neighbourhood as an articulation. The neighbourhood is a coming together. Like the home, it can be a kind of unity that is not necessarily determined by strict laws or proclamations as to what its identity should be or how it should function. Being of a certain nationality, for example, is structured by a range of institutions such as its laws, education system and military organization. These are relatively simple. By contrast, unity is more complex as it is formed by the combination of people and things coming together in a way that accommodates a diversity of activities but with an overarching logic. It is 'a structure in which things are related, as much through their differences as through their similarities'. [24]

Homes, neighbourhoods, villages, towns or even rural territories are legal entities. They are demarcated by certain laws that protect their functioning as social and economic spaces in different ways and with different emphases. But they are also described by sets of shared everyday practices—they are unities. This latter definition suggests that they can be flexible and diverse in their operations. They can even disrupt the historical city/countryside divide.

Reconstituting the rural/urban divide

In 2009 I undertook -- with the British architectural firm Bauman Lyons -- a study of 'distinctive towns'. We were commissioned by the regional development agency for the North East of England to study how rural locations could be regenerated through specialization.[25]Throughout the world there are small settlements that have become known through developing specialities in one thing or another. The kinds of places we were interested in were Machynlleth in Wales, famous for its green energy projects or Emscher Park in Germany that has developed as an outdoor pursuits centre.

Another example that we studied was the town of Hay-on-Wye on the border of England and Wales. pictures It has a population of some 2,500 but supports over 35 second-

hand bookshops and an annual literary festival. People come from all over the world to browse its shelves or attend the festival that is reported on through national and international media. This identity is not just carried through its fame, but materially through its everyday life. Moving books is heavy, physical work so there is a embodied process in this identity. The town is a unity made up of differences. For example, bookshops in themselves can specialize in certain genres or clients so that one shop might display and sell just children's fiction, another may be just concerned with travel fiction and non-fiction. Cafés and guesthouses provide hospitality for visitors and support this very particular aesthetic and activity. With the internet, some of its bookshops work more in dealing rare editions or long-lost publications for global enthusiasts and collectors. Thus the town is constantly evolving. It maintains and accommodates that difference and ephemerality of an articulation. The design dimension of the town may not be in any spectacular or controlled corporate or civic look. Rather, it is something that is practiced through its everyday habits and processes and materialized in its shops, the shelving and the books themselves.

Although several other 'booktowns' exist across Europe, generally speaking these kind of distinctive towns have evolved rather than been planned. They have come about through years of activities and enthusiasms. But their disruption is that they demonstrate that a rural location doesn't need to be subservient to the city/country binary divide. They are not there to serve the city nor necessarily to provide a bucolic alternative. Instead, they are richly focused and defined in themselves while being networked and co-articulated with interests outside themselves.

Nonetheless, these are spectacular examples. Not every town can be a booktown or whatever other specialism. But in the way they are constructed as being very self-aware of their heritage, materiality and knowledge, these might provide clues to an alternative construct of how design may function in other circumstances. Like the design studio, they are intensities of knowledge, skill, decision making, action and material resources. They have an aesthetic. But these aspects are not necessarily subservient to a fixed commercial idea or civic policy of what design should be. Instead, their success has come about through an understanding of the assets, identity and human processes and outlooks that constitute them.

In this way, a design culture model may be a useful tool in analysing and bringing into consciousness the strengths and potential of a place. By becoming more aware of the ways by which the networks of design, production and consumption fit together and interact, we can identify their interdependencies, or, moreover, scope for improving their relationships to make places more robust and resilient. The issue is not necessarily whether a place enjoys the benefits of being in a rural or urban location. Rather, this is both about re-locating and re-localizing design cultures beyond what has become, even in the space of just a few a decades, their traditional association with city-living.

Concluding remarks

It is perhaps easy to make broad statements that theorize how we might move forward to a more sustainable, equitable and just society through design. It is harder to put these into reality.

In this essay, I have tried to show, in the first instance, what is already going on in practice rather than declare vague aspirations. In this, I wish to divert attention away from spectacular images of design and consumption. Design may involve impressive forms and structures, individuals and teams who are extraordinarily adept at thinking visually and using that skill to re-fashion objects and spaces. They may themselves be active in the formation of attractive social environments in cities that carry a creative feeling. Likewise, consumption may involve the simple pleasure of searching for and selecting that one, highly-desired item. But design

also exists in networks where multiples of things and people come together -- and this is what I mean by design also being embedded into everyday practice. We can be more humble and quieter in where we look to the work of design and the connections it makes and mediates.

In drawing design into this more generalized field, Victor Papanek famously proclaimed that, 'All men are designers. All that we do, almost all the time, is design, for design is basic to all human activity. The planning and patterning of any act toward a desired, foreseeable end constitutes the design process. Any attempt to separate design, to make it a thing-by-itself, works counter to the fact that design is the primary underlying matrix of life'.[26]

These days we have more analytical tools with which to investigate what that 'matrix of life' might entail and how design functions within it. We are probably more used to talking about various matrices of life rather than one binding 'plan' as well. And so it follows that we can also be more critical and imaginative about the scales and locations of these matrices and what design does and can do within them.

Notes

[1] Raymond Williams The Country and the City, Chatto and Windus, 1973.

[2] UN-Habitat State of the World's Cities: 2012/13, New York: Routledge/Earthscan, 2013.

[3] Mark Binelli, Detroit City is the Place to Be: the Afterlife of an American Metropolis, New York: Picador, 2013.

[4] C. Alexander, S. Ishiwaka and M. Silverstein, A Pattern Language: Towns, Buildings, Construction, New York: Oxford University Press, 1977.

[5] Bill Mollison, with David Holmgren, Permaculture One: A Perennial Agriculture for Human Settlements Ealing: Transworld Publishers, 1978.

[6] Scott Lash, Intensive Culture: Social Theory, Religion and Contemporary Capitalism, London: Sage, 2010.

[7] John Thackara, Winners! How Today's Successful Companies Innovate by Design. Aldershot: Gower, 1997.

[8] Celia Lury, Brands: The Logos of the Global Economy. Abingdon: Routledge, 2004.

[9] Damian Sutton, 'Cinema by design: Hollywood as network neighbourhood' in G. Julier and L. Moor (eds.) Design and Creativity: Policy, management and practice. Oxford: Berg, 2009, pp. 174-190.

[10] Sharon Zukin, Loft Living: Cultural And Capital In Urban Change. New Brunswick: Rutgers University Press, 1989.

[11] John R. Bryson and Grete Rusten, Design Economies and the Changing World Economy: Innovation, production and competititivess, Abingdon: Routledge.

[12] Alan Freeman 'Working paper 40: London's creative workforce: 2009 update' (report), London: GLA Economics, 2010

[13] UNCTAD 'Creative Economy: A Feasible Development Option' (report). Geneva: UNCTAD, 2010, p.156.

[14] Scott Lash and John Urry, Economies of Signs and Spaces. London: Sage, 1994.

[15] Colin Campbell, Colin, 'Consumption and the Rhetorics of Need and Want', Journal of Design History, 1998, 11(3), pp.235–46.

[16] Celia Lury, Consumer Culture, Cambridge: Polity Press, 1996.

[17] Mike Featherstone, Consumer Culture and Postmodernism. London: Sage, 1991.

[18] Currently degree courses in design culture exist at the University of Southern Denmark, the London College of Communication and the Free University of Amsterdam. The University of Brighton teaches a degree course in Design Futures that features a strong 'design culture' component.

[19] Harvey Molotch, Where Stuff Comes From: How Toasters, Toilets, Cars, Computers, and Many Other Things Come To Be As They Are. London: Routledge, 2003.

[20] Harun Kaygan, 'Turkish Product Design and Consumption: a material semiotic approach', PhD submitted at the University of Brighton, 2012.

[21] Ilpo Koskinen, 'Semiotic Neighborhoods', Design Issues, 2005, 21(2), pp. 13-27.

[22] Doreen Massey, 'Geographies of responsibility', GeografiskaAnnaler, 2004, vol. 86B, 1, pp. 5-18.

[23] Noortje Marres, 'The costs of of public involvement: everyday devices of carbon accounting and the materialization of participation' Economy and Society, 2011, 40(4), pp.510-533.

[24] Stuart Hall, 'Race, articulation and societies structured in dominance' UNESCO ed. Sociological theories: race and colonialism. UNESCO, Paris: Paris, 1980, pp.305–45.

[25] Bauman Lyons/DesignLeeds, 'Distinctive Futures: A scoping study to identify how a distinctive Rural Capitals approach can be developed in Yorkshire and Humber' report for Yorkshire Forward, RDA (authors: Irena Bauman, Yvonne Dean and Guy Julier, 2009.

[26] Victor Papanek, Design for the Real World: Human Ecology and Social Change, 2nd edition. London: Thames & Hudson, 1984, p.3.

图书在版编目（CIP）数据

设计的大地／许平，陈冬亮主编． —北京：北京大学出版社，2014.7

（培文·设计）

ISBN 978-7-301-24403-6

Ⅰ. ①设…　Ⅱ. ①许…　②陈…　Ⅲ. ①设计学－文集　Ⅳ. ① TB21-53

中国版本图书馆 CIP 数据核字 (2014) 第 128640 号

书　　　　名：设计的大地
著作责任者：许　平　陈冬亮　主编
责 任 编 辑：张丽娉
标 准 书 号：ISBN 978-7-301-24403-6/J·0596
出 版 发 行：北京大学出版社
地　　　　址：北京市海淀区成府路 205 号　100871
网　　　　址：http://www.pup.cn　新浪官方微博：@北京大学出版社　@培文图书
电 子 信 箱：zpup@pup.cn
电　　　　话：邮购部 62752015　发行部 62750672　编辑部 62750112　出版部 62754962
印　刷　者：北京市宏泰印刷有限公司
经　销　者：新华书店
　　　　　　889 毫米×1194 毫米　16 开本　12 印张　265 千字
　　　　　　2014 年 7 月第 1 版　2014 年 7 月第 1 次印刷
定　　　　价：138.00 元